Σ BEST
シグマベスト

試験に強い！

要点ハンドブック
生物基礎

文英堂編集部　編

文英堂

本書の特色と使用法

1 学習内容を多くの項目(こうもく)に細分

本書は、高等学校「生物基礎」の学習内容を3編4章に分けて、さらに学習指導要領や教科書の項目立て、および内容の分量に応じて、**29項目**に細分しています。

したがって、必要な項目をもくじで探して使えば、テストの範囲にぴったり合う内容について勉強することができ、ムダのない勉強が可能です。

2 1項目は、原則2ページで構成

本書の各項目は、ひと目で学習内容が見渡せるように、原則として本を開いた左右見開きの2ページで完結しています。

2ページ以外の項目もありますが、それぞれの1ページごとに学習内容を区切ってあり、ページ単位で勉強できるようになっています。つまり、短時間で、きちんと区切りをつけながら勉強できるわけです。

3 本文は簡潔(かんけつ)に表現

本文の表記は、できるだけムダをはぶいて、簡潔にするように努めました。

また、ポイントとなる語句は赤字や太字で示し、重要な所には 重要 のマークをつけました。さらに関連する事項を示すために、きめ細かく参照ページを入れていますので、そちらも読んでおきましょう。

4 最重要ポイントをハッキリ明示

本書では，重要なポイントは ココに注目! で示し，さらに最重要ポイントは 要点 という形でとくにとり出して，はっきり示してあります。要点 は，その見開きの中で最も基本的なことや，最もテストに出やすいポイントなどをコンパクトにまとめてあります。テストの直前には，この部分を読むだけでも得点アップは確実です。

5 例題研究と重要実験で応用力もアップ

問題を解くのに計算や応用力が必要となる項目には 例題研究 を設けました。問題を解くポイントをわかりやすくまとめていますが，最初から 解 や 答 を見るのではなく，まず自力で解いてみて，その後で 解 を読み，もう一度解いてみるようにしましょう。

また，テストに出そうな重要な実験については 重要実験 のコーナーを設け，操作の手順や注意点，実験の結果とそれに関する考察などをわかりやすくまとめました。

6 勉強のしあげは，要点チェック＆練習問題

勉強のしあげのために章末には一問一答形式の要点チェックを設けています。テストの直前には必ず解いてみて，解けなかった問題は，右側に示されたページにもどって復習しましょう。

さらに，要点チェックの後に 練習問題 を設けています。問題のレベルは学校の定期テストに合わせてあるので，これを解くことで定期テスト対策は万全です。

もくじ

1編 細胞と遺伝子

1章 生物の多様性と共通性

1 生命とは……………………………………… 8
2 細胞のつくりとはたらき…………………… 10
3 顕微鏡とその使い方………………………… 12
4 代謝と酵素・ATP …………………………… 14
5 酵素の性質とはたらき……………………… 16
6 光合成と呼吸………………………………… 18
● 要点チェック………………………………… 22
● 練習問題…………………………………… 23

2章 遺伝子とそのはたらき

7 遺伝子の本体DNA ………………………… 26
8 ゲノムと遺伝情報…………………………… 28
9 遺伝情報とタンパク質の合成……………… 30
10 DNAの複製と遺伝子の分配 ……………… 34
● 要点チェック………………………………… 39
● 練習問題…………………………………… 40

2編　生物の体内環境の維持

3章　個体の恒常性の維持

- **11** 体内環境と体液……………………………………………44
- **12** 循環系とそのつくり………………………………………46
- **13** 血液凝固と酸素運搬………………………………………50
- **14** 腎臓のはたらき……………………………………………52
- **15** いろいろな動物の体液濃度調節…………………………54
- **16** 肝臓のはたらき……………………………………………56
- **17** 神経細胞と興奮の伝わり方………………………………57
- **18** 自律神経系とそのはたらき………………………………60
- **19** 内分泌腺とホルモン………………………………………62
- **20** ホルモンと自律神経による調節…………………………66
- **21** 免　疫………………………………………………………69
- 要点チェック………………………………………………72
- 練習問題 …………………………………………………73

3編 生物の多様性と生態系

4章 植生とその移り変わり

- **22** 植生と生態系……………………………………76
- **23** 植物の成長と光…………………………………78
- **24** 植生の遷移………………………………………80
- **25** 気候とバイオーム………………………………82
- **26** 生態系の構造と食物連鎖………………………86
- **27** 物質循環とエネルギーの流れ…………………90
- **28** 生態系のバランスと人間活動…………………92
- **29** 人間活動と生態系の保全………………………94
- ● 要点チェック……………………………………98
- ● 練習問題 ………………………………………99

- ● 練習問題の解答 ……………………………… 102
- ● さくいん……………………………………… 110

例題研究

酸素解離曲線……………………………………………………………51
腎臓での再吸収量の計算………………………………………………53
カニの体液濃度調節……………………………………………………55

重要実験

カタラーゼのはたらきと性質を調べる実験…………………………17
光合成の生成物を調べる実験…………………………………………19
体細胞分裂の観察………………………………………………………36

1 生命とは

1 生物の多様性と共通性

1 生物の多様性
a) <u>種</u>…生物を分類するときの基本単位。同種の生物どうしは交配により子孫を残すことができる。
b) 地球上には名前がつけられているだけで175万種以上，発見されていないものも含めると数千万種の生物が存在すると考えられている。

2 共通性の由来
a) 現生の生物は<u>共通の祖先から進化してきた</u>ため，共通の特徴をもつ。
b) 長い年月をかけて少しずつ変化してきたため，複数の生物を比較すると<u>連続性</u>が見られる。
→別の種に分かれてからの時間が長いほど大きく異なる。

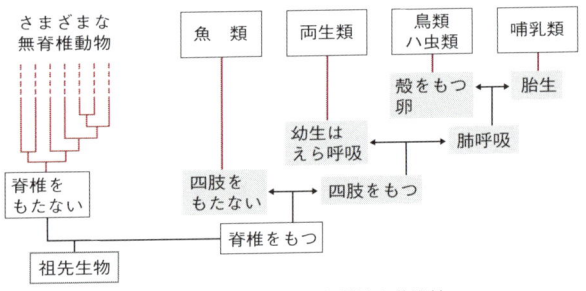

▲脊椎動物に見られる多様性と共通性

c) <u>系統</u>…生物が進化してきた道筋。系統を表す図は<u>系統樹</u>とよばれる。

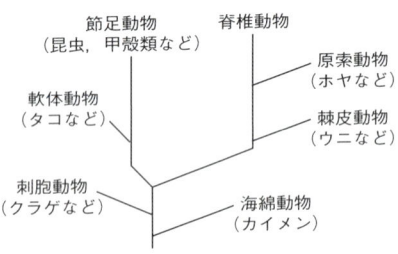

◀系統樹の例

> **要点** 生物は<u>共通の祖先</u>から長い年月をかけて<u>進化</u>してきたため，多様な形態や特徴をもつ種が存在すると同時に，共通の特徴をもつ。

1章 生物の多様性と共通性

2 生物に共通する特徴

1｜細胞でできている すべての生物は，最外層に**細胞膜**をもち，内部と外部を仕切られた**細胞**を基本構造としている。
→膜を介して外部との物質の交換を行う。

- 単細胞生物…個体が1個の細胞からなる。
- 多細胞生物…複数の細胞でできている。

ココに注目！ 細胞の基本的な構造は共通している。

2｜エネルギーの利用 さまざまな生命活動を行うためエネルギーを利用。
a) **代謝**…生物体内での化学変化を伴う物質の変化。
- 光合成…光エネルギーを利用して無機物から有機物を合成。
  →化学エネルギーに変換
- 呼吸…酸素を用いて有機物を分解しエネルギーを取り出す。
  →二酸化炭素と水が生じる

b) すべての生物は，エネルギーの受け渡しに**ATP**という物質を用いる。
→p.14

3｜生殖とDNA
a) 生物は**生殖**によって自分自身とほぼ同じ形質をもつ個体をつくる。
b) **DNA**…生物の形質を決める**遺伝情報**をもつ物質。すべての生物の細胞に含まれる。→p.26
→デオキシリボ核酸

4｜体内環境の維持 生物は体外環境が変化しても体内の環境を一定の範囲内に維持しようとするはたらき(**恒常性**)をもつ。
→温度，物質濃度，pHなど
→ホメオスタシスともいう(p.44)。

5｜その他
a) 生物は外界からの刺激を受容し反応する。
→温度・光・化学物質など
b) 生物は進化する。

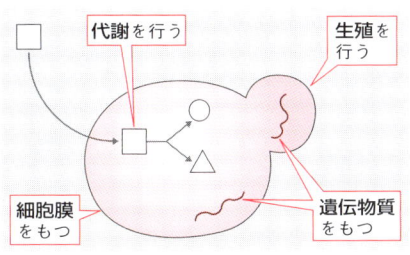

▲生物の共通祖先のモデル

要点 [生物の基本的な特徴]
① **細胞**でできている
② エネルギーの利用(代謝)…**ATP**
③ 生殖(遺伝情報：**DNA**)　④ **恒常性**

2 細胞のつくりとはたらき

1 細胞の種類

1] 原核細胞 核膜に包まれた核をもたない細胞。
遺伝子(DNA)は細胞内に存在。

原核細胞からなる生物…**原核生物**。細菌類およびシアノバクテリア。
→ユレモ、ネンジュモ、イシクラゲなど

2] 真核細胞 核膜に包まれた核をもつ細胞。

真核細胞からなる生物…**真核生物**
原核生物以外の生物。

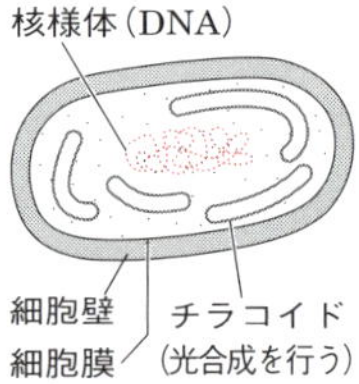

シアノバクテリアの細胞(模式図) ▶
（核様体(DNA)、細胞壁、細胞膜、チラコイド(光合成を行う)）

> **要点** 細菌類・シアノバクテリア(原核生物)以外は、核膜がある真核生物。

2 真核細胞の構造

1] 真核細胞の基本構造
- **核**…遺伝と細胞の生命活動全体を支配する。
- **細胞質**…核以外の部分。細胞膜・ミトコンドリア・葉緑体・ゴルジ体・中心体・細胞質基質など。
  →外界と区分。
  →色素体(葉緑体・有色体・白色体) →液体成分。細胞小器官の間を満たす。

2] 細胞小器官 核やミトコンドリアなど細胞内に見られる構造。

3] 光学顕微鏡で観察した細胞のようす(模式図)

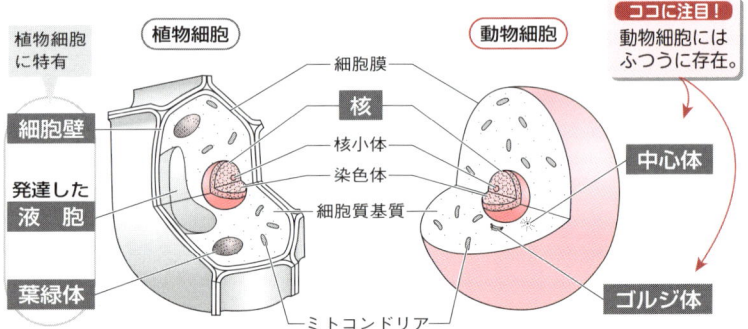

> **要点** 真核細胞
> 植物細胞の特徴…**細胞壁・葉緑体**・発達した**液胞**
> 動物細胞の特徴…**中心体**・発達した**ゴルジ体**

3 細胞各部のはたらきと特徴

名　称		はたらきと特徴
核	染色体	DNA（遺伝子の本体）とタンパク質からなる。→p.26 塩基性色素で染まる。細胞分裂時に太く凝縮。 →酢酸カーミン，酢酸オルセインなど。→p.34
	核小体	1〜数個ある。RNAが主成分。 →DNAと同じく核酸の一種。p.31
	核　膜	核の最外部にある膜。多数の小孔（**核膜孔**）をもつ。
細胞膜		細胞内と外部とを仕切る。**リン脂質**とタンパク質が成分。
ミトコンドリア		**呼吸**の場。**酸素を用いてエネルギー物質ATPを合成。** →好気呼吸という。　　　　　　　　　　　　　　→p.14 二重の膜で包まれ，内膜が内側にくびれこむ（**クリステ**）。
ゴルジ体		一重膜の袋が重なった構造。**分泌**に関与。〔動物で発達〕
葉緑体 →p.18		**クロロフィル**などの色素を含み，**光合成**によって有機物（デンプンなど）を合成。→p.18 〔植物細胞〕
中心体		細胞分裂時にはたらく。べん毛の形成。 　　　　　　　　　　　→紡錘体の形成。
細胞質基質		化学反応（呼吸・細胞内消化・タンパク質合成など）の場。 　　　　→酸素を用いない。　　　→アミノ酸を結合させてつくる。
細胞壁		**セルロース**が主成分。細胞の保護と支持。〔植物細胞〕
液　胞		物質の貯蔵・分解。内部に**細胞液**を満たす。

4 細胞の運動

1 **原形質流動**　細胞質基質が流れ，細胞小器官が移動。 例 オオカナダモ
→生きた細胞でのみ見られる。

2 **アメーバ運動**　仮足を伸ばしながら動く。　例 アメーバ，白血球

5 細胞の発見と細胞説

1 細胞の発見　**フック**が**コルク**の切片を観察して発見。**細胞**（cell）と名
→細胞質のない死細胞
づけ，著書「ミクログラフィア」に発表。
→1665年

2 細胞説　「生物の構造と機能の基本単位は細胞である」という説。

a) **シュライデン**が植物細胞について，**シュワン**が動物細胞について提唱。
→1838年　　　　　　　　　　　　　　　　　　　　→1839年

b) **フィルヒョー**…「細胞は細胞から生じる」と細胞説を補強。
1858年←

3 顕微鏡とその使い方

1 光学顕微鏡

1 光学顕微鏡の構造

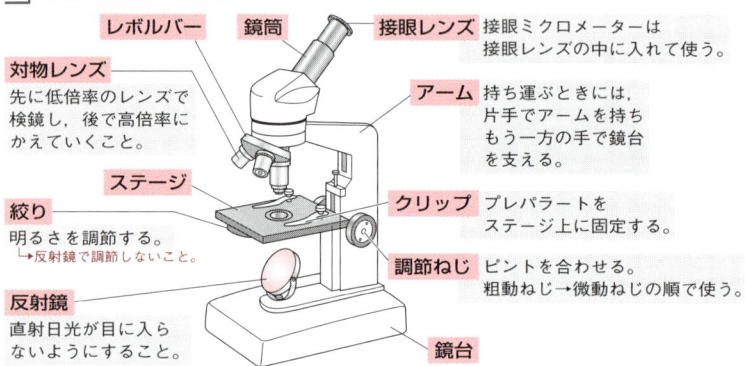

- **レボルバー**
- **鏡筒**
- **接眼レンズ** 接眼ミクロメーターは接眼レンズの中に入れて使う。
- **対物レンズ** 先に低倍率のレンズで検鏡し、後で高倍率にかえていくこと。
- **アーム** 持ち運ぶときには、片手でアームを持ちもう一方の手で鏡台を支える。
- **ステージ**
- **クリップ** プレパラートをステージ上に固定する。
- **絞り** 明るさを調節する。→反射鏡で調節しないこと。
- **調節ねじ** ピントを合わせる。粗動ねじ→微動ねじの順で使う。
- **反射鏡** 直射日光が目に入らないようにすること。
- **鏡台**

> **要点** 顕微鏡の総合倍率＝**対物レンズの倍率×接眼レンズの倍率**

2 光学顕微鏡の使用手順

① 接眼レンズをセットし、次に対物レンズをセットする。

② 絞りを少し開放して視野を明るくし、反射鏡の角度を調節する。

③ ステージにプレパラートをセットし、対物レンズをプレパラートにできるだけ近づけた後、**対物レンズをプレパラートから離す方向**に調節ねじを回してピント合わせをする。

> **ココに注目！** 逆だとプレパラートを割ってしまうおそれがある。

3 顕微鏡使用上の注意

a) 直射日光を光源としない。　b) 先に低倍率で観察。

c) 高倍率での検鏡は凹面鏡で。　d) 検鏡像は上下左右が逆。

e) 視野にごみ・汚れがあるときは、接眼レンズ・プレパラート・対物レンズのどれについているか、それぞれ回したり動かしたりしてみて調べる。
　　視野中のごみが動けば、それがよごれているとわかる。

f) 絞りをしぼると、暗くなるが鮮明な像になる。

> **ココに注目！** 低倍率だと視野が広く対象物を見つけやすい。ピント合わせも容易。

4 顕微鏡観察に用いられる染色液

細胞の構造	染色液	色
核	酢酸カーミン・酢酸オルセイン	赤
	メチレンブルー	青
	酢酸メチルバイオレット，酢酸ダーリア	青紫
ミトコンドリア	ヤヌスグリーンB	青緑
液胞	中性赤（ニュートラルレッド）	赤
細胞壁	フロログルシン，サフラニン	赤

2 ミクロメーターの使い方

1 接眼ミクロメーター 検鏡する際に接眼レンズに入れ，これで試料の大きさをはかる。

2 対物ミクロメーター 1mmを100等分した目盛り（**1目盛りの長さ10μm**）。接眼ミクロメーターの1目盛りの長さを求めるのに用いる。 $1\mu m = \frac{1}{1000}mm$。各倍率ごとに調べる。

3 接眼ミクロメーターの1目盛りが示す長さ 接眼ミクロメーターを入れた状態で対物ミクロメーターを検鏡し，**両者の目盛りが一致する2点**を探す。2点間の目盛り数をそれぞれ数え，対物ミクロメーターが1目盛り10μmであることから，接眼ミクロメーター1目盛りの長さを次の式で求める。

要点

接眼ミクロメーター1目盛りの長さ（L）；

$$L = \frac{対物ミクロメーターの目盛り数}{接眼ミクロメーターの目盛り数} \times 10 \,[\mu m]$$

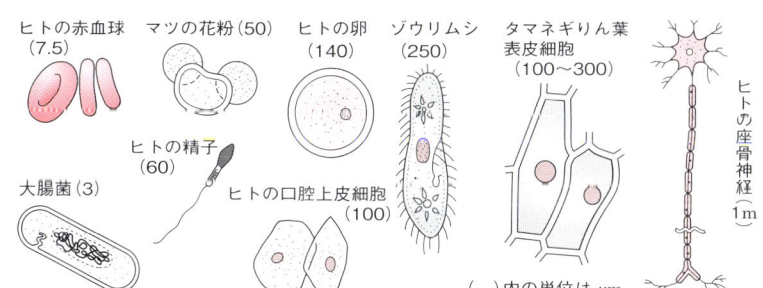

ヒトの赤血球(7.5)　マツの花粉(50)　ヒトの卵(140)　ゾウリムシ(250)　タマネギりん葉表皮細胞(100〜300)　ヒトの座骨神経(1m)
大腸菌(3)　ヒトの精子(60)　ヒトの口腔上皮細胞(100)
（　）内の単位はμm

4 代謝と酵素・ATP

1 代謝とエネルギー代謝

1 代謝 生体内で起こる物質の化学変化。同化,異化など。

2 同化 エネルギーを取り込んで,簡単な構造の物質から複雑な構造の物質を合成する吸エネルギー反応。

例 **光合成**…光エネルギーを利用して二酸化炭素と水から有機物を合成。

3 異化 複雑な構造の物質を簡単な構造の物質に分解してエネルギーを取り出す発エネルギー反応。 例 **呼吸**…有機物を二酸化炭素などに分解。

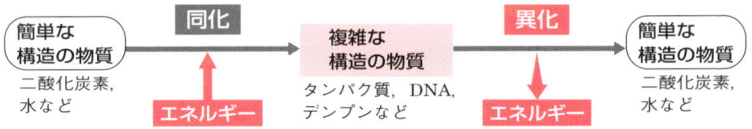

4 エネルギー代謝 代謝に伴うエネルギーの変換や出入り。

例 光合成…光エネルギー→化学エネルギー(有機物中のエネルギー)

5 独立栄養生物 無機物から有機物を合成できる生物。緑色植物など。

6 従属栄養生物 他の生物が合成した有機物を取り込み,そこから得られるエネルギーを利用して生活する生物。動物や菌類など。

2 エネルギーとATP

> ココに注目!
> ATPは生物すべてに必要な「エネルギーの通貨」。

1 同化や異化で発生したり使われるエネルギーは **ATP** という物質にいったんたくわえられて使われる。

2 ATP(アデノシン三リン酸)は,アデノシン(アデニンと糖の一種が結合したもの)にリン酸が3つ結合した構造の物質。 →p.26

3 ATPからリン酸が1つとれて **ADP** になるとき,エネルギーが放出される。 →アデノシン二リン酸

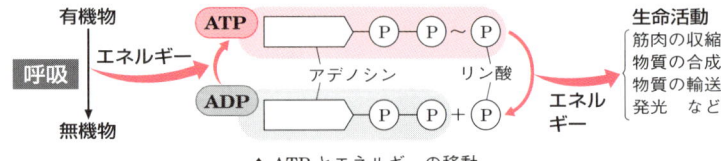

▲ ATPとエネルギーの移動

3 酵 素

1 酵素は**触媒**（化学反応を促進するが，反応の前後で自分自身は変化しない物質）としてはたらき，**生体触媒**とよばれる。

2 酵素の主成分は**タンパク質**。

3 **基質** 酵素の作用を受ける物質。

4 **生成物** 酵素反応によってできた物質。

5 **活性部位** 基質と結合する酵素の部位。

6 **酵素-基質複合体** 酵素と基質が結合して生成物を生じる前の状態。

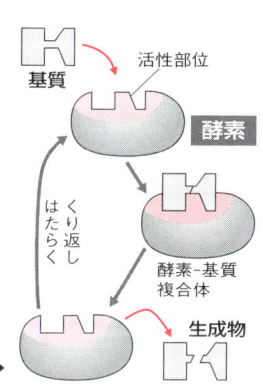

◀酵素のはたらき

4 酵素のはたらく場所

1 **細胞外ではたらく酵素** だ液，胃液，すい液などに含まれる消化酵素は，細胞外に分泌されてはたらく。

① **炭水化物**（デンプン）⟶ マルトース ⟶ グルコース
　　　　アミラーゼ（だ液・すい液）　　マルターゼ（小腸の柔毛）

② **タンパク質** ⟶ ペプチド ⟶ アミノ酸
　　　ペプシン（胃液）・トリプシン（すい液）　　ペプチダーゼ（小腸の柔毛）

③ **脂肪** ⟶ 脂肪酸 ＋ モノグリセリド
　　　リパーゼ（すい液）

2 **細胞内ではたらく酵素** 細胞質基質や細胞小器官内には各種酵素が存在。

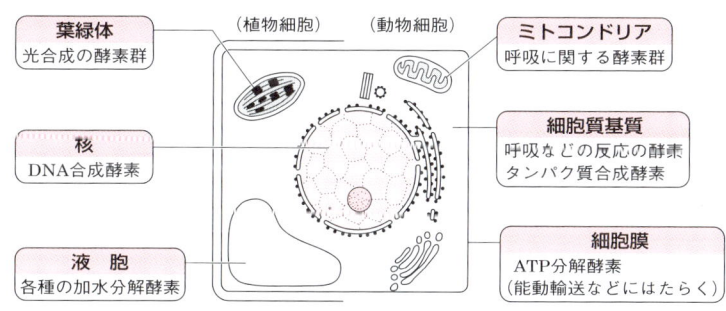

▲酵素のはたらく場所

5 酵素の性質とはたらき

1 酵素の種類とはたらき

1] 加水分解酵素 基質に水を加えるかたちで分解する反応を触媒。消化酵素のほとんど。消化酵素は細胞外へ分泌されてはたらく。

$A \cdot B + H_2O \longrightarrow A \cdot H + B \cdot OH$

▼おもな加水分解酵素

酵素名	はたらき	存在場所
アミラーゼ	デンプン ⟶ マルトース →麦芽糖ともいう。	だ液・すい液
マルターゼ	マルトース ⟶ グルコース →ブドウ糖ともいう。	小腸の柔毛に存在
スクラーゼ	スクロース ⟶ グルコース＋フルクトース →ショ糖ともいう。　　　　　　　　果糖ともいう。	小腸の柔毛に存在
リパーゼ	脂肪 ⟶ 脂肪酸＋モノグリセリド	すい液
ペプシン	タンパク質 ⟶ ペプチド	胃液
トリプシン	タンパク質 ⟶ ペプチド	すい液
ペプチダーゼ	ペプチド ⟶ アミノ酸	小腸の柔毛
ATPアーゼ	ATP ⟶ ADP＋リン酸	細胞内

2] 酸化還元酵素 酸化(酸素と結合あるいは水素を離す)・還元(酸化の逆)
 a) 脱水素酵素(デヒドロゲナーゼ) 基質から水素を奪う。
 b) **カタラーゼ** 過酸化水素を水と酸素に分解。細胞内や血液中に存在。

3] 脱離酵素 脱炭酸酵素(基質からCO_2を取り出す)など。

4] 転移酵素 アミノ基転移酵素(アミノ基$-NH_2$を他の物質に移す)など。

5] 合成酵素 DNAリガーゼ(DNAの鎖どうしをつなぐ)など。

2 酵素の性質

1] 基質特異性 酵素は特定の基質にのみ作用する。

2] 最適温度 酵素が最もよくはたらく温度。高温になりすぎると酵素ははたらきを失う(**失活**)。

3] 最適pH 酵素が最もよくはたらくpH。酵素の種類によって異なる。

> ココに注目！
> タンパク質は熱やpHの影響を受けやすい。

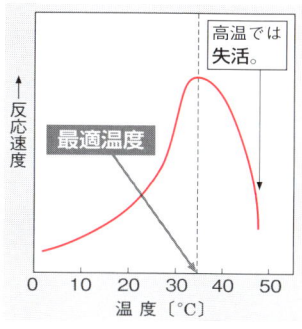
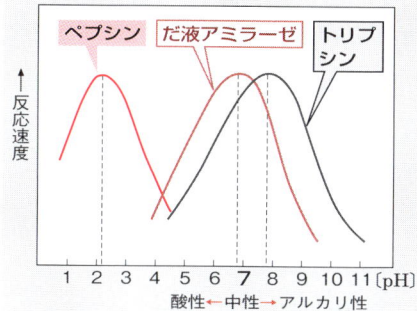

▲酵素の反応速度と温度(左)・pH(右)の関係

> **要点** 酵素の性質…基質特異性，最適温度，最適pH

重要実験 カタラーゼのはたらきと性質を調べる実験

実験 ❶ ブタの肝臓を乳鉢ですりつぶして水を加え，ろ過した酵素液を用意する。 ←カタラーゼを含む。
❷ 6本の試験管 **A〜F** に酵素液2mLずつを入れ，下図のような条件で反応を調べる。
❸ 気泡が発生した試験管には火のついた線香を近づけて反応を調べる。

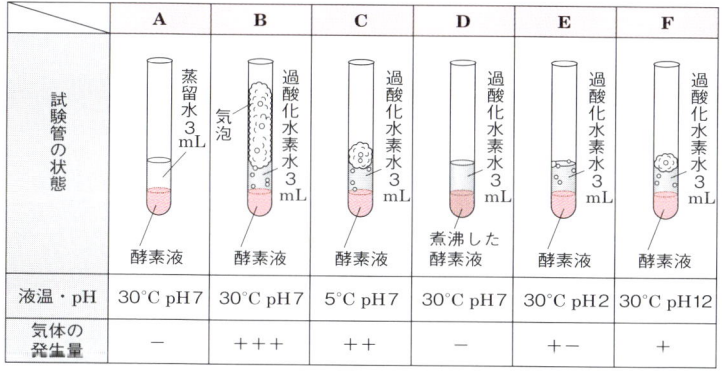

	A	B	C	D	E	F
試験管の状態	蒸留水3mL／酵素液	過酸化水素水3mL／酵素液（気泡）	過酸化水素水3mL／酵素液	過酸化水素水3mL／煮沸した酵素液	過酸化水素水3mL／酵素液	過酸化水素水3mL／酵素液
液温・pH	30℃ pH7	30℃ pH7	5℃ pH7	30℃ pH7	30℃ pH2	30℃ pH12
気体の発生量	−	+++	++	−	+−	+

＊＋が多いほど気体の発生量が多いことを表す。−は発生なし。

結果と考察 ❶ **A**は対照実験で基質となる過酸化水素がなく，気体は発生しない。
❷ 試験管 **D** では気体が発生せず。➡ カタラーゼは高温によりはたらきを失う。
❸ 発生する気体の量は **B＞F＞E** ➡ カタラーゼは中性付近で最もよくはたらく。
❹ 線香は炎をあげてはげしく燃えた。➡ 発生した気体は酸素。

6 光合成と呼吸

1 炭酸同化と光合成

1 同化のうち,二酸化炭素 CO_2 を取り込み,エネルギーを使って炭水化物などの複雑な有機物を合成するはたらきを炭酸同化という。

2 光合成…光エネルギーを用いて CO_2 と H_2O から有機物を合成する炭酸同化。

2 光合成の場

1 光合成は,植物細胞の細胞小器官である葉緑体で行われる。

2 葉緑体は,内外2重の膜で包まれ,内部に**チラコイド**とよばれる袋状の構造が積み重なっている。葉緑体内部の基質部分は**ストロマ**とよばれる。

3 葉緑体は,葉の**柵状組織**(細胞が規則正しく並ぶ)や**海綿状組織**(細胞間にすき間がある),気孔の**孔辺細胞**に含まれる。

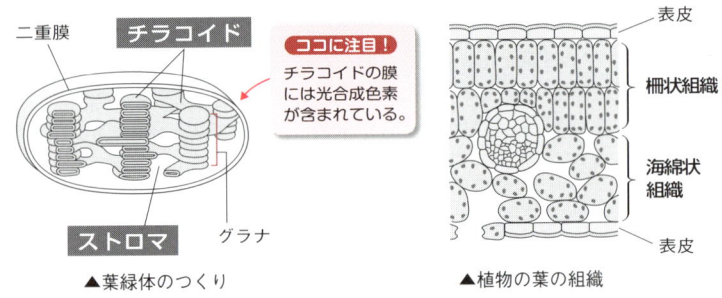

▲葉緑体のつくり   ▲植物の葉の組織

> ココに注目！
> チラコイドの膜には光合成色素が含まれている。

> **要点** 光合成は炭酸同化のひとつで,葉緑体で行われる。

3 光合成の反応

1 植物に光が当たると,葉緑体の光合成色素が光エネルギーを吸収し,このエネルギーを利用して **ATP** を合成する。　ADP + リン酸 ⟶ ATP

2 合成された **ATP** の化学エネルギーを利用して無機物である CO_2 と H_2O からデンプンなどの有機物が合成される。

3 光合成の結果,有機物のほか O_2 が発生する。光合成に使われる CO_2 と放出される O_2 は,気孔を通って植物体内外を出入りする。

4 光合成の全体の反応をまとめると次のように表される。

二酸化炭素 + 水 + 光エネルギー ⟶ 有機物 + 酸素
CO_2　　　H_2O　　　　　　　　　　（デンプンなど）　O_2

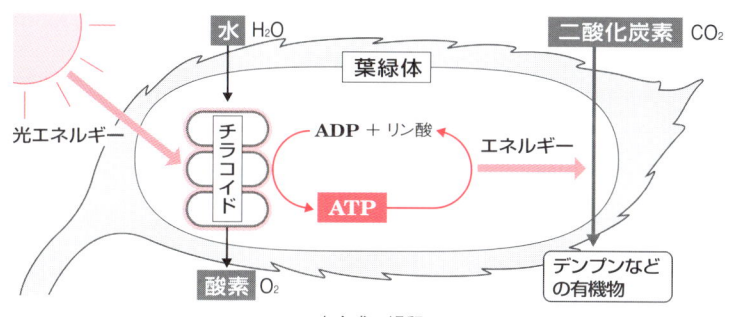
▲光合成の過程

> **要点** 光合成…光エネルギーを吸収してATPを合成し，そのATPの化学エネルギーでCO_2を固定して有機物を合成する。

重要実験 光合成の生成物を調べる実験

方法 ❶ 1%炭酸水素ナトリウム水溶液を満たしたペットボトルにオオカナダモを入れ，空気を抜いた状態でふたをする。

ココに注目!
炭酸水素ナトリウムを溶かすことで水中のCO_2を増やす。

❷ ❶に1～2時間光を当てる。対照実験として同じものを別に1本用意し，暗所に置く。→底に小さな空気穴をあける。

❸ ペットボトルの内部にできた気泡を1か所に集め，集まった気体を水上置換で試験管に集める。

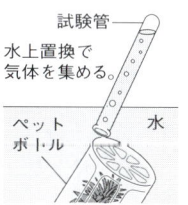

❹ 気体を集めた試験管の中に火のついた線香を差し込んで反応を調べる。

❺ 2本のペットボトルに入れたオオカナダモから葉を10枚ずつとり，うすめた漂白剤で脱色した後，ヨウ素液を1滴滴下して顕微鏡で観察する。

結果と考察 ❶ ❹の線香は炎をあげてはげしく燃えた。➡発生した気体は**酸素**。

❷ ❺で光を当てたオオカナダモの葉の細胞では，青紫色に染まった葉緑体が観察された。➡光合成によって**葉緑体にデンプンが生じる**。

4 光合成のくわしいしくみ

1 光エネルギーの吸収と水の分解　葉緑体のチラコイドに存在する**クロロフィル**などの光合成色素が光エネルギーを吸収して活性化される。

2 水の分解　活性化された光合成色素によって水 H_2O が分解され、酸素 O_2 が生じる。

3 ATPの合成　2 の反応に伴ってチラコイド膜上の ATP 合成酵素がはたらき、ADP から ATP が合成される（**光リン酸化**）。

4 CO_2 の固定　ストロマで 3 の ATP や 2 で生じた水素[H]を用いて二酸化炭素 CO_2 を固定し有機物（$C_6H_{12}O_6$）を合成する回路反応が起こる（**カルビン・ベンソン回路とよばれる**）。
→多数の連続した化学反応がくり返される
→光合成によってできるデンプンなどの炭水化物はグルコース $C_6H_{12}O_6$ が複数結合してできている。

5 光合成の反応式
$$6CO_2 + 12H_2O + 光エネルギー \longrightarrow (C_6H_{12}O_6) + 6O_2 + 6H_2O$$

5 呼吸

1 呼吸　酸素 O_2 を用いてグルコース $C_6H_{12}O_6$ などの有機物を分解し、**ATP** を合成する形で生命活動に必要なエネルギーを得る細胞のはたらき。

ココに注目！
呼吸も発酵も光合成も多数の酵素が化学反応を促進して行われている。

2 発酵　酸素を利用せず有機物を分解してエネルギーを得るしくみ。
例　アルコール発酵（酵母菌），乳酸発酵（乳酸菌）
→エタノールを生じる。　→乳酸を生じる。

要点　呼吸…酸素 O_2 を用いて有機物を分解し、**ATP** を合成する。

6 呼吸の場と反応

1 細胞小器官である**ミトコンドリア**が重要な呼吸の場となっている。

2 ミトコンドリアは，**内外2重の膜**で包まれ、内膜が内側に折れ込んだひだ状の構造が発達している。→内膜には呼吸に関係する酵素が多数存在している。

3 呼吸の過程は、**細胞質基質**とミトコンドリアで進行する。

▲ミトコンドリアのつくり

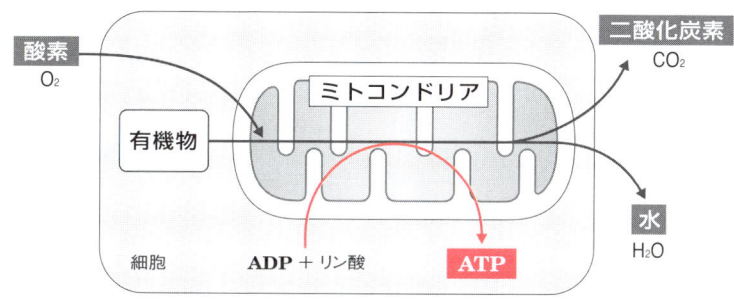

▲呼吸の過程

4| 呼吸の全体の反応をまとめると次のように表される。

有機物 + 酸素 ⟶ 二酸化炭素 + 水 + ATP
($C_6H_{12}O_6$)　　O_2　　　　CO_2　　　　H_2O

7 呼吸のくわしいしくみ

1| 解糖系　細胞質基質で，グルコース $C_6H_{12}O_6$ が分解されてピルビン酸 $C_3H_4O_3$ ができ，グルコース1分子あたり **ATP 2分子** が合成される。

2| クエン酸回路　ミトコンドリアのマトリックス(基質)で，ピルビン酸がさらに分解され，CO_2 が生じ，**ATP 2分子** が合成される。この過程のなかで，高いエネルギーをもった電子が取り出され，**3**| で使われる。

3| 電子伝達系　ミトコンドリアの内膜で，**2**| などで生じた電子を用いて，最大で **ATP 34分子** が合成される。酸素 O_2 はここで使われ，水ができる。

4| 呼吸の反応式

$C_6H_{12}O_6 + 6O_2 + 6H_2O \longrightarrow 6CO_2 + 12H_2O + (38ATP)$

8 葉緑体とミトコンドリアの起源

1| 共生説(細胞内共生)　原始的な真核細胞に原核細胞が取り込まれて細胞内で生き続け，細胞小器官になったとする説。

2| 次の理由から，呼吸を行う**好気性細菌**が原始的な真核細胞に共生して**ミトコンドリア**に，光合成を行う**シアノバクテリア**が同様に共生して**葉緑体**になったと考えられている。

a) 核とは別に独自の DNA をもっている。
b) 細胞内で個々に分裂して増殖する。

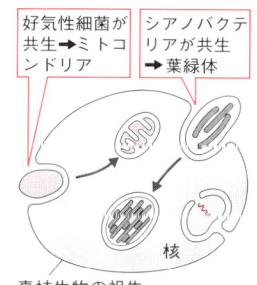

▲細胞内共生

要点チェック

↓答えられたらマーク　　　　　　　　　　　　　　　　わからなければ ➡

- **1** 生物を分類する際の基本単位を答えよ。　　　　　　　　　p. 8
- **2** 生物の進化の過程を何というか。　　　　　　　　　　　　p. 8
- **3** 複数の生物間の **2** のつながりを表した図を何というか。　　p. 8
- **4** すべての生物のからだを形づくる構成単位は何というか。　p. 9
- **5** 生物の体内で行われる化学変化を何というか。　　　　　　p. 9, 14
- **6** すべての生物がエネルギーの受け渡しに使う物質は何か。　p. 9, 14
- **7** すべての生物が遺伝情報の保持に使う物質は何か。　　　　p. 9
- **8** 生物が、体外環境が変化しても体内の条件を一定の範囲に維持しようとするはたらきを何というか。　p. 9
- **9** 核膜で包まれた核をもつ細胞を何というか。　　　　　　　p. 10
- **10** 核膜で包まれた核をもたない細胞を何というか。　　　　　p. 10
- **11** 細胞内に見られる，特定の役割をもった構造を何というか。　p. 10
- **12** 呼吸の場となる **11** は何か。　　　　　　　　　　　　　　p. 11, 20
- **13** 光合成の場となる **11** は何か。　　　　　　　　　　　　　p. 11, 18
- **14** 生体内で簡単な構造の物質から複雑な物質を合成する反応を何というか。　p. 14
- **15** 有機物など複雑な構造の物質を分解して生活に必要なエネルギーを取り出す反応を何というか。　p. 14
- **16** ATP は何にリン酸が1つ化合するとできるか。　　　　　p. 14
- **17** 生体触媒ともよばれ化学反応を促進させる物質を何というか。　p. 15
- **18** **17** の主成分は何か。　　　　　　　　　　　　　　　　　p. 15
- **19** 光合成で合成される有機物の材料となる2種類の物質は何か。　p. 18
- **20** 水草の光合成を調べる実験で，水中の二酸化炭素濃度を上げるため水に入れるとよい物質を答えよ。　p. 19 実験
- **21** 酸素を用いて有機物を分解し ATP をつくる反応を何というか。　p. 20

答

1 種，**2** 系統，**3** 系統樹，**4** 細胞，**5** 代謝，**6** ATP(アデノシン三リン酸)，**7** DNA(デオキシリボ核酸)，**8** 恒常性(ホメオスタシス)，**9** 真核細胞，**10** 原核細胞，**11** 細胞小器官，**12** ミトコンドリア，**13** 葉緑体，**14** 同化，**15** 異化，**16** ADP，**17** 酵素，**18** タンパク質，**19** 二酸化炭素，水，**20** 炭酸水素ナトリウム，**21** 呼吸

1章 練習問題

解答 → p.102

1 生物に共通する性質について述べた次の文の空欄に入る語を答えよ。

Ⅰ．すべての生物のからだは，(①)を構造単位としてできている。(①)は別の(①)の分裂によって生じ，個体を形づくり生命活動を行うために必要な(②)情報を(③)という物質の形で保持している。光合成や呼吸など，細胞で起こる化学反応を(④)といい，これらに伴う，生命活動に必要なエネルギーのやりとりは(⑤)という物質を介してなされる。

Ⅱ．自らの複製である子孫をつくって増殖することは生物の大きな特徴の1つである。ウイルスは(①)構造をもたず，また，増殖するときは必ず生物に寄生してその機能を用いることから，生物に含まれ(⑥)。

2 図は細胞を光学顕微鏡で観察したときの模式図である。
(1) 図中①〜⑥の名称を答えよ。
(2) ①〜⑥のはたらきを下記の語群から1つ選べ。
　ア 能動輸送　　　　　イ 細胞呼吸の場
　ウ 物質の濃縮・分泌　エ 細胞分裂の方向決定
　オ 遺伝情報の保持　　カ 細胞の支持
　キ タンパク質の合成　ク 光エネルギーの転換
　ケ 老廃物の無毒化・貯蔵
(3) ④を観察するときに適当な染色液を1つ答えよ。
(4) この細胞は植物細胞・動物細胞のいずれか。判断した理由も答えよ。
(5) この細胞を電子顕微鏡で観察すると，①〜⑥とは異なる，扁平な袋が積み重なった構造が存在した。この構造の名称を答え，はたらきを(2)のア〜ケから選べ。
(6) この細胞を観察中，細胞内の②や③などの構造体が移動していた。この現象を何というか。
(7) ④の内部に見られる糸状の構造は何か。また，これを構成する物質を2つ答えよ。

HINT　**2**　(4) 植物細胞に特殊な構造は葉緑体・細胞壁・発達した液胞である。一方，動物細胞にはゴルジ体・中心体が見られる。

1編 細胞と遺伝子

3 顕微鏡の操作について，次の文①〜④の下線部に誤りがあれば直し，正しければ○をつけよ。
① 対物レンズとプレパラートを<u>遠ざけながら</u>ピントを合わせる。
② まず，<u>高倍率</u>の対物レンズを使用してピントを合わせる。
③ 高倍率にすると視野は<u>明るくなる</u>ので，反射鏡は<u>平面鏡</u>を使用する。
④ 酢酸オルセイン溶液を用いて染色すると，<u>細胞全体が赤く染まる</u>。

4 ある倍率で対物ミクロメーター18目盛りと接眼ミクロメーター15目盛りとが一致した。この倍率での接眼ミクロメーター1目盛りは何μmか。ただし，対物ミクロメーターの1目盛りは1mmの100分の1である。

5 酵素に関する次の各問いに答えよ。
(1) 酵素のように化学反応を促進するが，反応の前後で自らは変化しない物質をまとめて何というか。
(2) 酵素の主成分は何か。
(3) 酵素ペプシンやトリプシンの基質となる物質は何か。
(4) 脂肪を分解する酵素の名前を答えよ。また，その酵素によって脂肪が分解されるときの生成物を2つ答えよ。
(5) 呼吸に関与する酵素がおもに含まれる細胞の部位を2つ答えよ。

6 ブタの肝臓に水を加えてすりつぶしたものを酵素液として下記の実験を行った。この実験について以下の問いに答えよ。

	実験1	実験2	実験3	実験4
試験管の内容	過酸化水素水＋酵素液	過酸化水素水＋煮沸した酵素液	過酸化水素水＋酵素液＋4％塩酸	過酸化水素水＋水
pH／反応	7／激しく反応	7／反応なし	2／反応なし	7／反応なし

(1) 実験2，実験3で反応がなかった理由をそれぞれ書け。
(2) 実験4のような実験を何というか。また，その目的は何か。
(3) 反応の結果発生した気体は何か。その確認方法もそれぞれ書け。
(4) 肝臓や血液中に多く含まれ，過酸化水素を分解する酵素名を答えよ。
(5) 反応の終了した実験1の試験管の内容を実験2の試験管の内容に混ぜるとどうなるか。理由とともに答えよ。

HINT **6** (5) 1の試験管は，基質はなくなっても酵素は反応前と変わらず残っている。

7 生体内の化学反応やエネルギーに関する以下の各問いに答えよ。
(1) 生体内で起こる物質の化学変化をまとめて何というか。
(2) (1)のうち複雑な構造の有機物を簡単な物質に分解する反応を何というか。
(3) 右図は，生命活動に必要なエネルギーのやりとりに関与する物質について模式的に示したものである。図中の①～④に適語を入れよ。

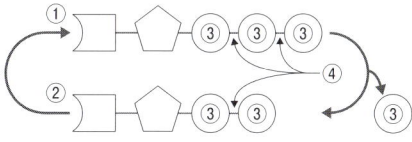

8 光合成について，以下の各問いに答えよ
(1) 光合成のように二酸化炭素を取り込んで有機物を合成するはたらきを何というか。
(2) 光合成の反応は細胞内のどこで起こるか。
(3) 光合成の反応を次のようにまとめた。空欄に入る物質名を答えよ。

二酸化炭素 + (①) + 光エネルギー ⟶ 有機物 + (②)

(4) 緑色植物の葉が光を受けると，(2)では「エネルギーの通貨」とよばれる物質が合成され，その化学エネルギーが二酸化炭素を取り込み有機物を合成する反応に利用される。この物質名を答えよ。

9 呼吸に関する以下の各問いに答えよ。
(1) 細胞の中で呼吸が行われる場として重要な細胞小器官を右の図から選び記号で答えよ。
(2) 呼吸の反応は，その反応物と生成物から次のどの現象に似ているといえるか。
　ア 中和　イ 燃焼　ウ 昇華

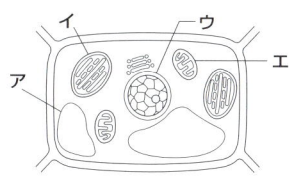

(3) 呼吸に関して述べている次のア～エのうち適当でないものを選べ。
　ア 数多くのさまざまな酵素が化学反応を促進することで起こっている。
　イ 酸素を用いて二酸化炭素と水から有機物を合成する。
　ウ 有機物を分解してADPとリン酸からATPを合成する。
　エ 複雑な物質を分解してエネルギーを取り出す異化の代表例である。

HINT **8** (1) 細胞が単純な物質から有機物を合成するはたらきを同化といい，光合成のように二酸化炭素から有機物を合成するもののほか，窒素を含んだ有機物をつくる窒素同化などがある。

7 遺伝子の本体 DNA

1 遺伝情報

1. **遺伝情報** 個体のからだをつくり生命活動を営むために必要な，体細胞や配偶子がもつ情報。細胞分裂によって細胞から細胞へ受けつがれ，生殖によって親から子へ受けつがれる。
   - →卵や精子
   - →遺伝
2. **遺伝子** メンデルが遺伝の規則性を発見したことで生物の1つ1つの形質は個々に決定されることが示された。1つの遺伝子は1つのタンパク質を合成する遺伝情報をもつことで形質発現にかかわる。
3. すべての生物は遺伝情報を担う物質として **DNA**（デオキシリボ核酸）を細胞内にもつ。

2 DNAとその特徴

1. 核酸の一種。ミーシャーがヒトの白血球から発見。
   - →病院で得られた患者のうみから抽出。
2. DNAのほとんどは**核内に存在**。
3. 体細胞の核1個に含まれる**DNA量**は，生物の種類によって一定。
4. 個体の体細胞1個に含まれる**DNA量はすべての体細胞で同じ**。
   - →だ腺などは例外。
5. 生殖細胞中のDNA量は**体細胞の半量**。
6. 安定な物質で環境の変化による影響を受けにくい。

> **ココに注目！**
> DNAは遺伝子に適した性質や必要な性質をもっている。

3 DNAの構成単位

1. **ヌクレオチド** 糖（デオキシリボース）に**リン酸**と**塩基**が結合した構造。

   リン酸　糖　塩基
   デオキシ　A, C,
   リボース　G, T

2. 塩基は**アデニン(A)，チミン(T)，グアニン(G)，シトシン(C)** の4種類からなる。
3. ヌクレオチドはリン酸どうしが結合して**ヌクレオチド鎖**を形成，この塩基の配列がその生物の遺伝情報となっている。

要点

ヌクレオチド … リン酸 + 糖（リボース）+ 塩基

アデニン(A)，チミン(T)，グアニン(G)，シトシン(C)

4 DNAの構造

1 シャルガフの規則
DNAを構成する4種類の成分の量を測定すると、**AとT、GとCの量が互いに等しい。**

ココに注目！
いずれもほぼ1.0。

生物名	A	T	G	C	A/T	G/C
ヒト(肝臓)	30.3	30.3	19.5	19.9	**1.00**	**0.98**
ニワトリ(赤血球)	28.8	29.2	20.5	21.5	**0.99**	**0.95**
サケ(精子)	29.7	29.1	20.8	20.4	**1.02**	**1.02**

2 二重らせん構造
シャルガフの規則やウィルキンスのDNAのX線回折図を参考に、**ワトソンとクリック**がDNAの立体構造のモデルを発表(1953年)。

a) DNAは、4種類の成分 **A・T・G・C** が多数つながった2本の鎖が、はしご状に結合したものがらせん状にねじれた**二重らせん構造**をしている。
 H原子をなかだちとして起こる比較的弱い結合
b) 2本の鎖は、塩基の部分で水素結合により結合。このとき必ず**AとT、CとGの組み合わせで結合する**(相補的結合)。

3 A、T、G、Cの配列順序がDNAの遺伝情報
 →鋳型鎖、アンチセンス鎖とよばれる。
a) 2本鎖のうち片方の鎖の塩基配列が遺伝情報としてmRNAに転写される(p.32)。
b) ヒトをはじめとするさまざまな生物のDNAの全配列を調べ(**ゲノムの解読**)、遺伝子のはたらきの研究や医療に役立てる計画が世界規模で進められている。

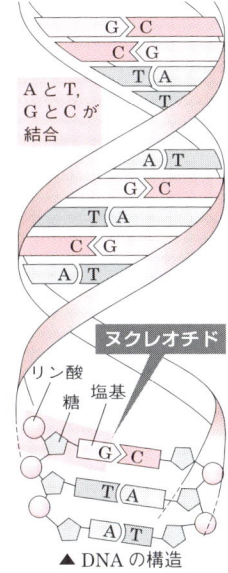

▲DNAの構造

> **要点**
> [**DNAの立体構造**] **ワトソンとクリック**が発見。
> 2本の鎖がはしご状に結合してねじれた**二重らせん構造**。
> 4種類の成分…**AとT、GとC**が互いに結合。

8 ゲノムと遺伝情報

1 ゲノム 重要

1│ ゲノム その生物が個体として生命活動を営むのに必要なすべての遺伝情報。

- 真核生物の配偶子(卵や精子),原核細胞…**1組のゲノム**が存在。
- 真核細胞(体細胞)…**2組のゲノム**が存在。

2│ ゲノムの大きさ(ゲノムサイズ) 塩基対の数で示される。

例 ヒトのゲノムサイズ;約30億→体細胞1個に60億塩基対のDNA

2 ゲノムと染色体

1│ 核型 体細胞中の全染色体の**形・数・大きさ**などの特徴。生物の種によって一定。体細胞分裂**中期**の細胞が核型を観察しやすい。 →p.34

| 常染色体22対(44本) | 性染色体1対(2本):男女で異なる |

▲ヒトの染色体構成

生物名	$2n$
ヒト	46
ハツカネズミ	40
ニワトリ	78
タマネギ	16
エンドウ	14
スギナ	216

▲体細胞の染色体数

2│ 相同染色体 体細胞に存在する同形同大の2本(1組)の染色体。一方は父方から,他方は母方から受けついだもの。

3│ 核相 細胞の核中の染色体構成。

- **複相($2n$)** n対の相同染色体が存在。体細胞。
- **単相(n)** n対の相同染色体のうち1本ずつだけ含む。生殖細胞。

4│ 核相nの染色体に含まれるDNAが,1ゲノムに相当する。

> 要点
> **核型**…生物のもつ染色体の**形・数・大きさ**
> **核相**…体細胞は**複相($2n$)**・生殖細胞は**単相(n)**
> n…1組のゲノム,$2n$…2組のゲノムが存在。

3 DNAと染色体の構造

1 染色体 1分子の **DNA** がタンパク質(ヒストン)に巻きついて存在。

2 { 分裂期以外の時期…繊維状で核内に分散
　　　↳間期という(p.34)　↳クロマチン繊維とよばれる。
　　　分裂期…分裂前に2本に複製され，非常に密に折りたたまれる。

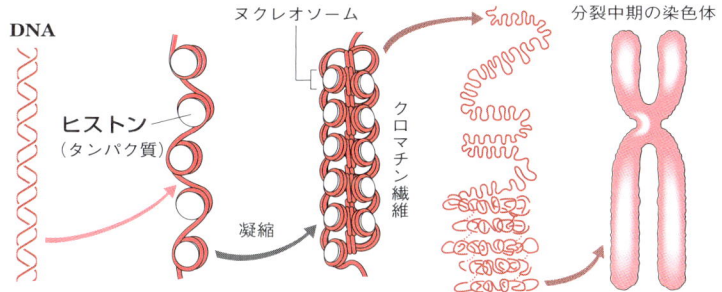

▲DNAと染色体の関係を示すモデル

4 DNAと遺伝子，ゲノム

1 真核生物のゲノム 遺伝子としてはたらく塩基配列はDNA
↳タンパク質のアミノ酸配列を指定(p.31)。
全体のごく一部。

例 ヒトゲノム：約30億塩基対のうち，遺伝子の部分は約4500万塩基対(1.5％)。

2 原核生物のゲノムには遺伝子以外の領域はあまりない。

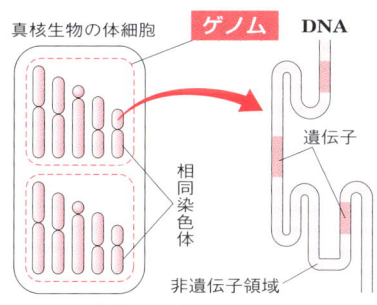

▲ゲノムと遺伝子の関係

5 ゲノムの解読

1 ゲノムプロジェクト(ゲノム計画) 生物のゲノムを構成するDNAの全塩基配列を解読する計画。1000種以上の生物について解読済み。
ヒトゲノムは2003年に全塩基配列を解読完了。

2 ゲノム解読の成果の活用

a) **分子生物学の研究** 遺伝子のはたらきや，はたらくしくみを調べる。

b) **医学的研究** 病気の原因の解明，新薬の開発，遺伝子治療，遺伝子診断など。

> **ココに注目！**
> 個人差が生じるのは塩基配列全体の約0.1％。ここから個人の病気のかかりやすさや薬の作用を調べられる。

9 遺伝情報とタンパク質の合成

1 タンパク質　重要

1　タンパク質は**アミノ酸**が多数鎖状に結合した**ポリペプチド**からなる。

2　タンパク質にはさまざまな種類があり，からだの構造をつくるほか，さまざまな役割を担っている。

a) **からだの構造をつくる**…コラーゲン（皮膚や骨）
b) **酵素**…ペプシン（胃液），カタラーゼ（肝臓），リゾチーム（涙や鼻水）
　　　　　↳タンパク質を分解　↳過酸化水素を分解　　↳細菌類の細胞壁を分解
c) **体内環境の維持**…ホルモン（→ p.62），フィブリン（→ p.50），抗体（→ p.70）
　　　　　　　　　　↳特定の臓器などのはたらきを調節　↳血液凝固　　　↳免疫
d) **運動や物質の運搬**…アクチンとミオシン（筋肉），ヘモグロビン（→ p.51）
　　　　　　　　　　　　　　　　　　　　　　　　　　↳酸素を運搬

2 アミノ酸とペプチド結合

1　タンパク質を構成する**アミノ酸**は，炭素原子 C に**アミノ基** $-NH_2$，**カルボキシ基** $-COOH$，水素原子 H と，**側鎖**とよばれる部分が結合した分子。
↳カルボキシル基ともいう

> **ココに注目！**
> 側鎖の違いによってアミノ酸はさまざまな性質のものがある（20種類）。

2　**ペプチド結合**　アミノ酸どうしがアミノ基とカルボキシ基の部分でつながる結合。

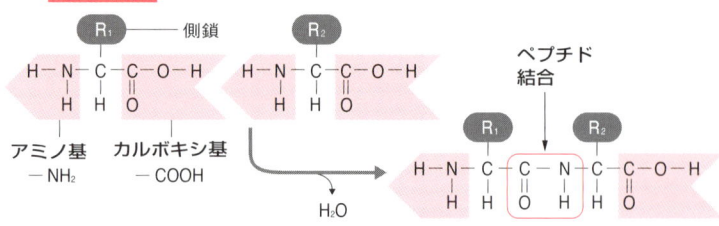

▲アミノ酸の構造とペプチド結合

3 タンパク質の構造

1　**一次構造**　ペプチド鎖（ポリペプチド）の**アミノ酸配列**
2　**二次構造**　ペプチド鎖の部分的な立体構造（らせん構造，ジグザグ構造）
　　　　　　　　↳水素結合(p.27)による
3　**三次構造**　二次構造が組み合わされたポリペプチド全体の立体構造
4　**四次構造**　複数のポリペプチドが組み合わさった立体構造

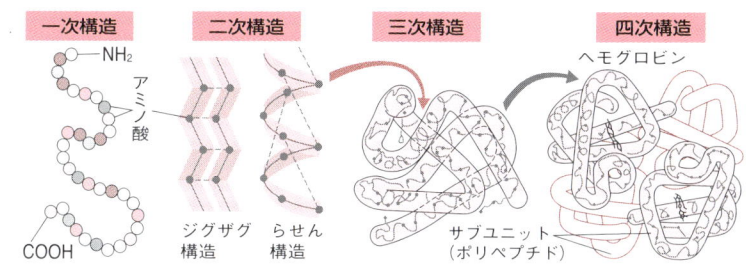

▲タンパク質の構造

4 遺伝情報と DNA とタンパク質

1 **遺伝情報の発現** 遺伝子が実際にはたらくこと。→形質を現す(形質発現) **DNA** の遺伝情報にしたがって特定のタンパク質が合成される。

2 **遺伝情報とタンパク質** DNA の塩基配列が，合成されるタンパク質の→ペプチド鎖 アミノ酸配列を指定(**3**つの連続した塩基で**1**つのアミノ酸を指定)。

▲ DNA の遺伝情報と形質発現(タンパク質合成)

> 要点 **DNA** の遺伝情報 ➡ **タンパク質**のアミノ酸配列

5 RNA

1 **RNA**(リボ核酸)　DNA と同様にヌクレオチドが多数結合した**核酸**。

2 RNA は DNA の塩基配列を転写してつくられ，DNA の遺伝情報をもとに細胞質でタンパク質合成にはたらく。→DNA は核の外には出ない。

→p.32

ココに注目!
RNAはDNAの一方の鎖(鋳型になった鎖)の塩基配列と相補的な配列になる。

3 **DNA と RNA の比較**

	糖	塩基	分子鎖	存在場所
DNA	デオキシリボース	A・C・G・T	2本鎖	核(染色体)，ミトコンドリア，葉緑体
RNA	リボース	A・C・G・**U**(ウラシル)	1本鎖	核小体，リボソーム，細胞質基質

4｜RNAの種類

a) **mRNA（伝令RNA）**…DNAの遺伝情報（塩基配列）はこれに転写され、核外へ伝えられる。（→messenger）

b) **tRNA（転移RNAともいう）**…mRNAの塩基配列が指定するアミノ酸をリボソームに運ぶ。（→transfer、p.33）

c) **rRNA（リボソームRNA）**…リボソームの成分。（→ribosome、リボソームはrRNAとタンパク質からなる。）

6 遺伝情報の転写（真核生物の場合） 重要

1｜転写 DNAの遺伝情報をmRNAに写し取るしくみ。次のように進む。

2｜ 核内のDNAのはたらく遺伝子の部分の**2本鎖がほどける**。

3｜ 一方の鎖（鋳型鎖、アンチセンス鎖）の塩基に、**RNAのヌクレオチドの相補的な塩基が結合する**。（AにU, CにG, GにC, TにA）

> **ココに注目！**
> 相補的な塩基の組み合わせはDNAの複製も同じ(p.37)。ただしRNAではTのかわりにUが結合。

4｜ 3のヌクレオチドどうしが**RNAポリメラーゼ**（→RNA合成酵素）によって結合され、鎖状のRNA分子がつくられる。

 転写…DNAの一方の鎖の塩基配列　A　C　G　T
　　　　　　　　　　　　　　　　　　↓　↓　↓　↓
　　　　　　　mRNAの塩基配列　　　　U　G　C　A

5｜スプライシング 真核生物のDNAにはタンパク質のアミノ酸配列に対応する部分（**エキソン**）と対応しない部分（**イントロン**）があるため、4でつくられた分子（ヌクレオチド鎖）から**イントロンの部分を削除する**。

6｜ 完成したmRNAは核膜孔（核孔）から細胞質へ出て行く。

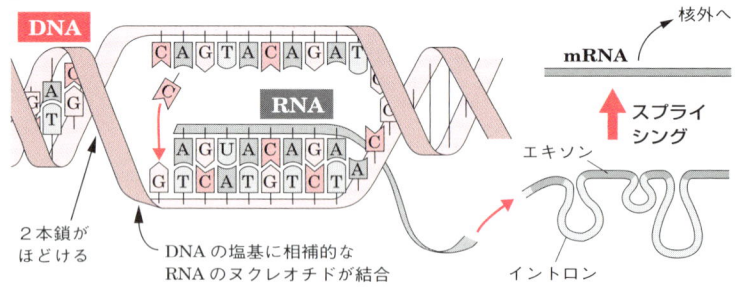

▲遺伝情報の転写

7 遺伝情報の翻訳(真核生物の場合)

1│ 翻訳 mRNAの塩基配列にもとづいて多数のアミノ酸を結合させタンパク質を合成するしくみ。細胞質で**リボソーム**によって行われる。
　　　　　　　　　　　　　　　　　　　　　　└→細胞小器官の1つ

2│ トリプレット(3つ組暗号) 遺伝暗号としてはたらく連続する3塩基の塩基配列。mRNAのトリプレット(**コドン**)1つが1分子のアミノ酸を指定。

3│ tRNAは、リボソームにアミノ酸を運搬する。
tRNAはmRNAのコドンと結合するトリプレット(**アンチコドン**)をもつ。◀

> **ココに注目!**
> tRNAはアンチコドンによって運搬するアミノ酸の種類が決まっている。

4│ リボソームは、mRNAと結合してその遺伝暗号を読み取り、mRNAのコドンと相補的なtRNAのアンチコドンを結合させる。tRNAが運搬してきたアミノ酸どうしを結合させるとtRNAは離れ、このアミノ酸の結合がくり返されてタンパク質が合成される。
　　　　　　　　　　　　　　　　└→ペプチド結合
　　　　　　　　　　　　　　　　　　　　└→ポリペプチド

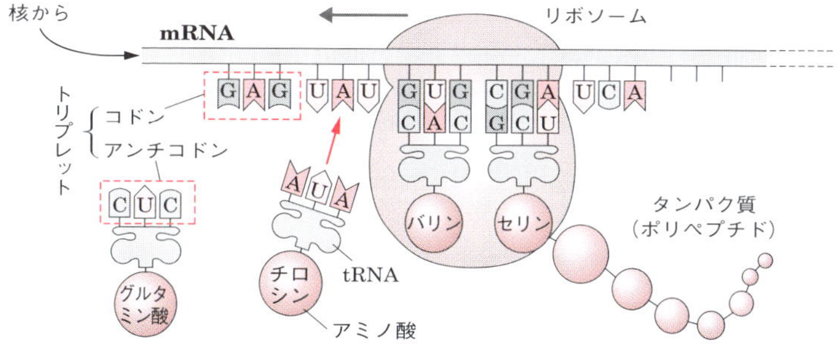

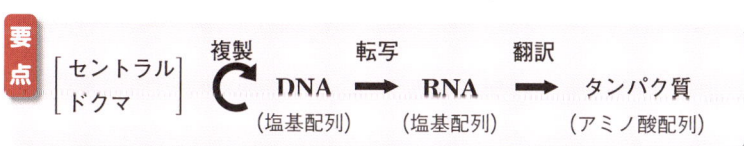

▲遺伝情報の翻訳

5│ すべての生物の遺伝情報はDNAとして保持され、発現するときは必ずRNAを経由してタンパク質のアミノ酸配列へと伝えられる。この考えおよびこの一連の流れを**セントラルドグマ**という。

要点
$$\begin{bmatrix}セントラル\\ドクマ\end{bmatrix}\quad \overset{複製}{\circlearrowleft}\ DNA\ \xrightarrow{転写}\ RNA\ \xrightarrow{翻訳}\ タンパク質$$
　　　　　　　　　　　　(塩基配列)　(塩基配列)　(アミノ酸配列)

8 原核生物のタンパク質合成

原核生物は核膜で包まれた核がなく、転写と翻訳が連続して行われる。また原核生物のDNAにはイントロンがなく、スプライシングも行われない。

10 DNAの複製と遺伝子の分配

1 細胞分裂

1. **細胞分裂の意義**
   - 単細胞生物…分裂により個体数が増加(生殖の一形態)。
   - 多細胞生物…成長や生殖細胞の形成。

2. 分裂前の細胞を**母細胞**,分裂で生じた細胞を**娘細胞**という。

3. **有糸分裂** 分裂の過程で染色体や紡錘糸の出現する細胞分裂を有糸分裂という。有糸分裂は体細胞がふえるときの**体細胞分裂**と生殖細胞がつくられるときに起こる**減数分裂**に分けられる。

4. **体細胞分裂の起こる場所**
   a) 動物…上皮組織,骨髄など。
     →皮膚,消化管の内壁など
   b) 植物…分裂組織(根端・茎頂),形成層(肥大)。

2 体細胞分裂の過程

1. 体細胞分裂は**核分裂**→**細胞質分裂**の順で起こる。

2. 核分裂は**前期→中期→後期→終期**の各期に分けられ,まとめて**分裂期**という。分裂期以外の時期は**間期**とよばれる。

▼体細胞分裂の過程

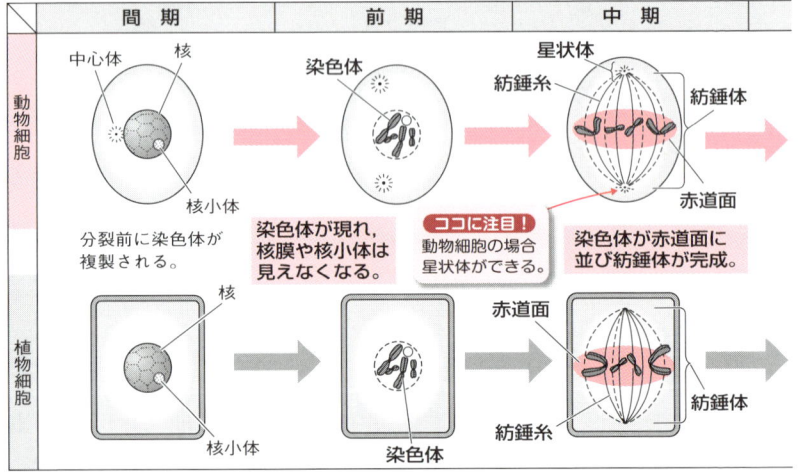

2章 遺伝子とそのはたらき

3 各期の特徴

1 前期 染色体が太く棒状にまとまり，縦裂する。核膜と核小体は見えなくなる。極から**紡錘糸**が出現（動物細胞は中心体が2つに分離してできた**星状体**を起点に伸びてくる）。紡錘糸は染色体の動原体と結合。紡錘体の形成。

> ココに注目!
> 中期から覚えると，それを基準に各期を理解しやすい。

2 中期 染色体は赤道面に並び，**紡錘体**が完成。

3 後期 染色体が縦裂面から裂け，紡錘糸に引かれるように両極へ移動。

4 終期 両極の染色体の周囲に核膜が出現。染色体が糸状になり，核内に分散。核小体が出現。2個の娘核が誕生（核分裂の終了）。

- 植物細胞…赤道面に**細胞板**が出現し，外側に広がり細胞質を2分。
  └→細胞壁になる。
- 動物細胞…赤道面の周囲からくびれるように2分（細胞質の分裂）。

5 間期 細胞質の成長。分裂の準備期としてDNA（遺伝物質）の複製。
　　　　　　　　　　　　　　　　　　　　　　　　└→p.37

> **要点**
> 間期→分裂期（前期→中期→後期→終期）→間期。
> 細胞質分裂…植物は細胞板，動物はくびれ。

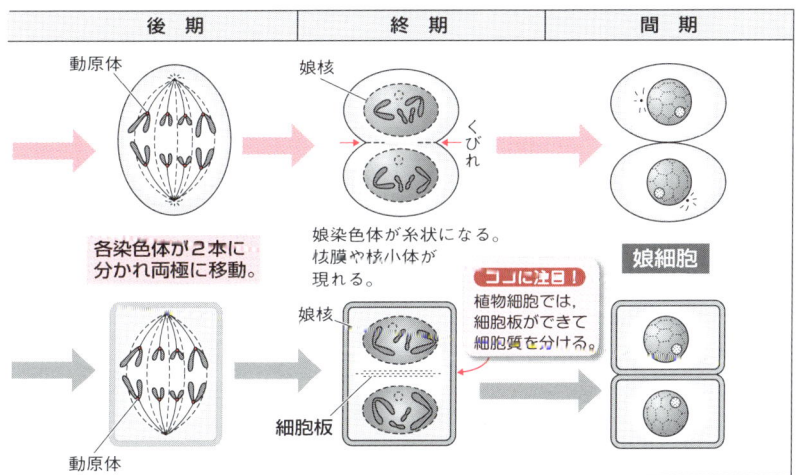

4 細胞周期と細胞の分化

1 細胞周期 細胞分裂でできた細胞が次の分裂を経て新しい娘細胞になるまでの周期。
→間期と分裂期

2 細胞の分化 細胞が特定の構造とはたらきをもつ細胞になること。細胞の分化は細胞周期からはずれて行われる。→間期と分裂期をくり返す細胞は**未分化**の細胞とよばれる。

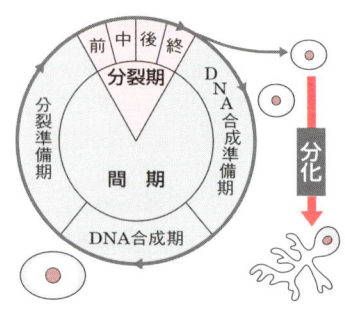
▲細胞周期と細胞の分化

3 多細胞生物のからだは1個の受精卵(未分化)が分裂を開始し、発生の進行につれて分化した細胞が組織や器官を形成して形づくられる。

重要実験 体細胞分裂の観察

実験 ❶ タマネギの根を切り取り、**カルノア液**に10分間つける(**固定**)。
→または45%酢酸
➡固定は細胞の構造を生きていたときに近い状態で停止・保存する操作。

❷ 固定した根を4%塩酸に入れ、60℃の湯に3分つける(**解離**)。
➡解離は細胞どうしの結合をゆるめ、細胞どうしを離れやすくする操作。

❸ 根を水洗し、スライドガラス上で**酢酸オルセイン溶液**を滴下して5分間**染色**する。

❹ カバーガラスをかけた後、上から**押しつぶし**、検鏡する。
→ガラスがすべらないよう真上から静かに。

結果と考察 次のような分裂像が観察できる。

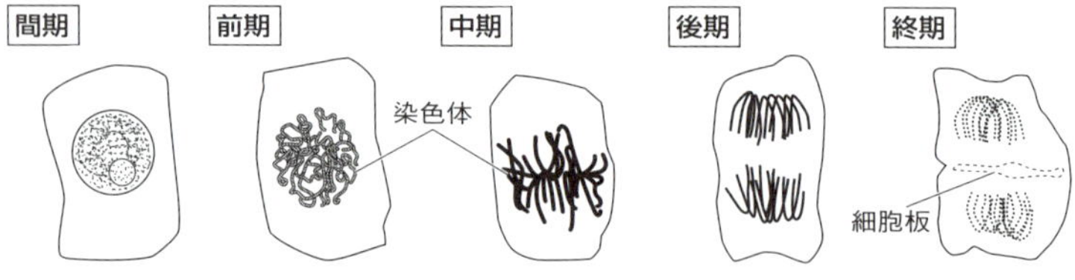

| 間期 | 前期 | 中期 | 後期 | 終期 |

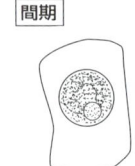 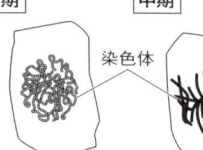 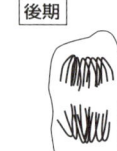 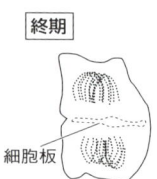

各細胞は同調せずに分裂すると考えると、分裂期の各期の中で多くの細胞が観察される期ほど、所要時間が長いことになる。

要点 [体細胞分裂の観察] 押しつぶし法で観察。
固定(カルノア液)→**解離**(塩酸)→**染色**(酢酸オルセイン)

2章 遺伝子とそのはたらき

5 細胞周期と DNA

細胞分裂の前，間期の特定の時期に DNA の複製が行われ，分裂期に正確に分配される。そのため**体細胞分裂の母細胞と娘細胞はまったく同一の DNA をもつ**。減数分裂では 2 回の分裂が連続して起こり娘細胞（配偶子）がもつ DNA の量は母細胞と比べ半減している。

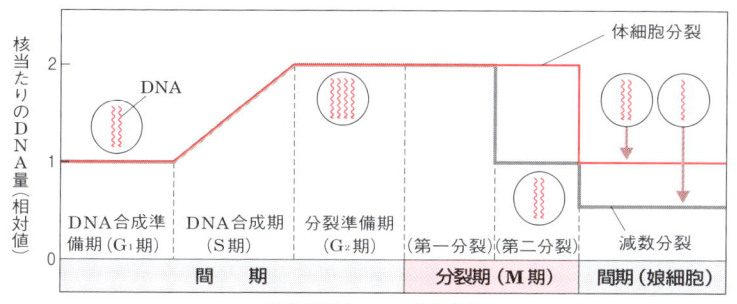

→DNA 合成期(S 期)とよばれる。

▲細胞分裂と DNA 量の変化

要点

細胞周期…間期と分裂期（M 期）をくり返す。

- 間期…DNA 合成準備期 → DNA 合成期（S 期）→ 分裂準備期
- 分裂期…前期 → 中期（染色体が赤道面に集まる）→ 後期 → 終期

6 DNA の複製（半保存的複製）

1 DNA 合成期には，DNA の二重らせん構造を構成する 2 本のヌクレオチド鎖が 1 本鎖にほどける。

2 各ヌクレオチド鎖の塩基に相補的な塩基をもつヌクレオチドが結合する。

3 **DNA ポリメラーゼ**という酵素が新しいヌクレオチド鎖をつないでもとの 2 本鎖と同じ DNA 分子が複製される。

◀ DNA の複製のしくみ ▶

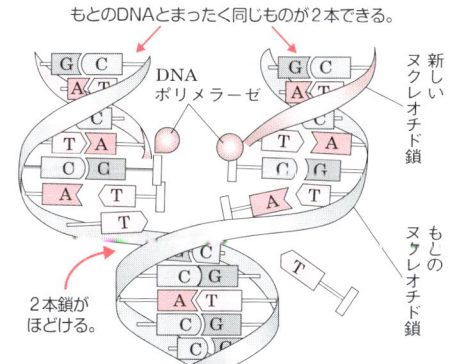

1編 細胞と遺伝子

7 細胞とゲノムのはたらき

1 多細胞生物の体細胞は，すべて1つの受精卵が分裂をくり返した結果生じたもので，同一個体の体細胞はすべて同一のゲノムをもつ。

2 成長・発生と遺伝子発現 細胞は，ゲノムのなかから成長・発生の各段階で必要な遺伝子を発現させる。

3 巨大染色体 ハエやユスリカのだ腺の細胞では巨大な**だ腺染色体**が観察できる。間期でも観察できる（→ふつうの染色体の100〜150倍）ため，mRNA の転写されている部分が**パフ**として見られる。パフの位置と大きさは成長の過程に伴って変化する。

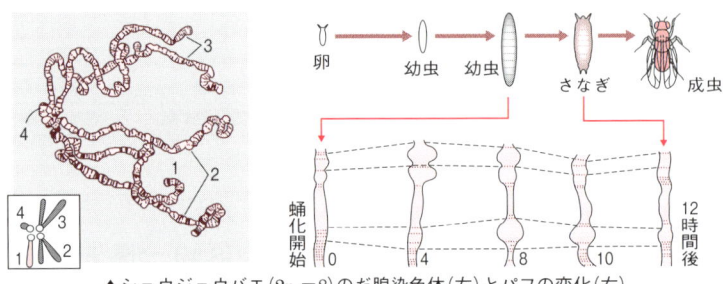

→だ液腺ともいう。

ココに注目！
パフは折りたたまれたDNAがほどけて広がった部分。他の部分よりぼんやりして見える。

▲ショウジョウバエ($2n=8$)のだ腺染色体(左)とパフの変化(右)

4 分化した組織・器官の細胞は，ゲノムのなかからその細胞のはたらきに応じて異なる遺伝子を発現させる。 例 →p.62 すい臓のB細胞…インスリンの遺伝子を発現，水晶体の細胞はクリスタリンの遺伝子を発現。
→眼のレンズにあたる部分。 →透明で弾力に富むタンパク質

要点 同じ個体の体細胞は**すべて同一のゲノム**をもつが，発生の過程や分化後の細胞の役割によって**異なる遺伝子を発現する**。

8 細胞の初期化（脱分化）

1 1962年，イギリスの**ガードン**はアフリカツメガエルの未受精卵に紫外線を照射して核を殺し，別の（→褐色の個体を使った。）成長した個体から取り出した細胞の核を移植する実（→白色個体を使った。）験で正常な個体を発生させることに成功。
→白色個体が発生。

ココに注目！
分化した体細胞も1個体をつくるのに必要なすべての遺伝子をもつことを示した。

2 2006年，京都大学の**山中伸弥**らはマウスの体細胞に4つの遺伝子を導（→2007年にはヒトの細胞でも成功。）入してさまざまな細胞に分化できる細胞の作成に成功，**iPS細胞**と命名。
→日本語では「人工多能性幹細胞」

要点チェック

↓答えられたらマーク　　　　　　　　　　　　　　　　わからなければ ⤴

- **1** 遺伝情報は何という物質によって細胞内に保持されているか。　p.26
- **2** 核酸の構成単位となる物質は何か。　p.26
- **3** 2を構成する3つの成分(物質)を答えよ。　p.26
- **4** DNA分子はどのような立体構造をしているか。　p.27
- **5** DNAが4の構造であることを発見(提唱)したのは誰と誰か。　p.27
- **6** DNAに含まれるAとT, CとGの割合がほぼ等しいことを発見したのは誰か。　p.27
- **7** 1つの配偶子がもつDNAの遺伝情報全体を何というか。　p.28
- **8** 体細胞に存在する同形同大の1組の染色体を何というか。　p.28
- **9** 染色体を構成する物質はDNAと何か。　p.29
- **10** タンパク質は何という物質が多数結合してできているか。　p.30
- **11** 10どうしが水1分子を出してつながる結合は何結合というか。　p.30
- **12** DNAの遺伝情報を発現させるしくみではたらく核酸は何か。　p.31
- **13** 12の種類を3つ、アルファベット表記で答えよ。　p.32
- **14** DNAの塩基配列をもとにRNAを合成する過程を何というか。　p.32
- **15** RNAの塩基配列からタンパク質を合成する過程を何というか。　p.33
- **16** 細胞が細胞分裂を行っていない期間を何期というか。　p.34
- **17** 細胞分裂で染色体が赤道面に並ぶのは何期のときか。　p.35
- **18** 細胞分裂でできた細胞が次の細胞分裂を終えるまでのサイクルを何というか。　p.36
- **19** 細胞が特定の構造とはたらきの細胞になることを何というか。　p.36
- **20** 細胞を顕微鏡で観察する際、生きていたときに近い状態で停止・保存する操作を何というか。　p.36
- **21** だ腺染色体でmRNAが合成されている部分に見られるふくらみを何というか。　p.38

答

1 DNA(デオキシリボ核酸), **2** ヌクレオチド, **3** リン酸, 糖, 塩基, **4** 二重らせん構造, **5** ワトソンとクリック, **6** シャルガフ, **7** ゲノム, **8** 相同染色体, **9** タンパク質, **10** アミノ酸, **11** ペプチド結合, **12** RNA(リボ核酸), **13** mRNA, tRNA, rRNA, **14** 転写, **15** 翻訳, **16** 間期, **17** 中期, **18** 細胞周期, **19** 分化, **20** 固定, **21** パフ

2章 練習問題

1 DNAの構造に関する問いに答えよ。
(1) 右図は，DNAを構成する基本単位となる物質を模式的に示したものである。物質名を答えよ。
(2) 図中の①～③の部分はそれぞれ何というか。ただし，③には異なる4種類がある。
(3) 図中③の4種類についてそれぞれアルファベット1字の略号で答えよ。
(4) DNA分子はどのような立体構造をしているか。
(5) DNAが(4)の構造をしていることを1953年に提唱した2人の科学者の名を答えよ。

2 生物がその種の個体としてからだをつくり生命活動を営むのに必要なすべての遺伝情報をゲノムという。
(1) 真核生物の配偶子は何組のゲノムをもっているか。
(2) ヒトの体細胞には46本の染色体がある。1組のゲノムは何本の染色体に相当するか。
(3) ゲノムの大きさ(ゲノムサイズ)について正しい文を次から選べ。
　ア　ゲノムの大きさは含まれる遺伝子の数で表される。
　イ　ゲノムの大きさは含まれる塩基対の数で表される。
　ウ　ゲノムの大きさはほぼその生物の体重に比例する。
　エ　ゲノムの大きさはその生物の個体を構成する細胞の数に比例する。

3 右図は，ある動物の染色体構成を表したものである。
(1) この図は細胞がどの状態にあるときの染色体を描いたものか。
(2) 図中①～⑤のような同形同大の染色体どうしを何染色体というか。
(3) この動物の精子と卵がもつ染色体はそれぞれ何本か。
(4) 染色体を構成する物質を2つ答えよ。

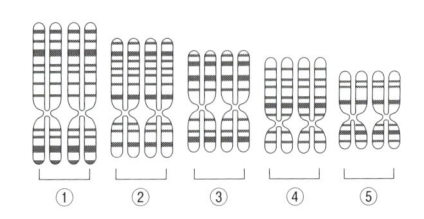

2章 遺伝子とそのはたらき

4 ゲノムおよびその解読(生物のゲノム全体の遺伝情報の解読)について正しいものを次から選べ。

ア ゲノムに含まれる遺伝情報とは遺伝子のことである。

イ DNAの塩基配列は1人1人ちがうので解読しても意味はない。

ウ ヒトのゲノムは30億の塩基対からなり，2012年末時点で解読できていない。

エ ゲノムを解読して得られた情報で，遺伝子がどのような形質を発現するか，遺伝子がどのようなしくみではたらくかを調べることができる。

オ ゲノムはからだの部位によって変化するので，必ず決められた組織から採取された細胞で調べる。

5 細胞分裂に関する以下の各問いに答えよ。

(1) 次の①〜④の文や模式図は分裂期のどの時期に相当するか。前期 = **A**，中期 = **B**，後期 = **C**，終期 = **D**の記号(**A〜D**のいずれにも該当しなければ**E**)で答えよ。

① 核膜や核小体が現れ，核分裂が終了する。
② DNAの複製が行われる。
③ 染色体が赤道面に並ぶ。
④ 染色体が短く太くまとまる。

(2) 細胞質が分裂するときの植物細胞と動物細胞のちがいを書け。

(3) 植物の根端を検鏡すると体細胞分裂像を観察できる。その際に行う，次の2種類の液につける操作をそれぞれ何とよぶか。また，その操作を行う目的を書け。①カルノア液，②60℃の4％塩酸

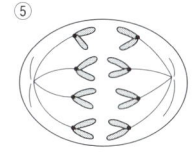

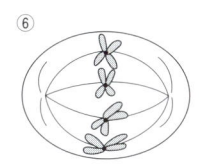

(4) ある植物の根の分裂組織を光学顕微鏡で検鏡し，各時期の細胞数を数えたところ表のようになった。この組織の細胞周期を20時間として各期に要する時間を推定せよ。単位は時間とし，小数第1位まで答えよ。

分裂過程	分裂期				間期
	前期	中期	後期	終期	
細胞数	46	8	4	6	136

HINT **4** 遺伝情報とはDNAの塩基配列のことで，遺伝子はタンパク質のアミノ酸配列を指定する塩基配列。

5 (3) この操作では塩酸は細胞間を接着する物質を分解する。

1編 細胞と遺伝子

6 すべての生物の遺伝情報は右のような流れで一方向に伝えられる。

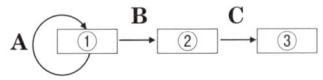

A ○→① →B→ ② →C→ ③

(1) 図中①〜③はそれぞれ異なる物質が入る。何という物質か答えよ。アルファベットの略称がある物質は略称で答えること。

(2) 図中 **A**〜**C** のはたらきはそれぞれ何というか，それぞれ漢字2字で答えよ。真核生物では **A** と **B** は核の中で行われる。

7 形質発現のしくみについて，次の各過程にまとめた。
　ア リボソームという細胞小器官がアミノ酸どうしを結合させる。
　イ DNA の遺伝情報をもとに RNA(mRNA)が合成される。
　ウ 遺伝情報が核から細胞質へ運び出される。
　エ 遺伝情報にしたがって RNA(tRNA)がアミノ酸を運ぶ。

(1) 上の**ア**〜**エ**を正しい順に並べよ。
(2) **イ**の過程を何というか。
(3) このしくみで最終的に合成され，からだをつくったりさまざまな生命活動にはたらく物質は何か。

8 次のような塩基配列の DNA がある。以下の各問いに答えよ。
　ヌクレオチド鎖①　ATTGCGTCGAAA
　ヌクレオチド鎖②　[　　　　　　　　]

(1) この DNA はヌクレオチド鎖①と②からなる2本鎖で，鎖②は鎖①に対して相補的な塩基配列からなる。[　　]に入る配列を答えよ。
(2) DNA の遺伝暗号は何個の塩基が1組になってアミノ酸を指定するか。
(3) ヌクレオチド鎖①が鋳型となって mRNA が合成される場合，鎖①をアンチセンス鎖という。合成される mRNA の塩基配列を答えよ。
(4) 1つのアミノ酸を指定する mRNA の遺伝暗号を何というか。
(5) (3)で合成された mRNA が左端から遺伝暗号としてはたらく場合，この配列中に含まれる遺伝暗号はいくつか。
(6) mRNA の遺伝暗号に対応してアミノ酸を運ぶ tRNA がもつ mRNA の塩基配列に相補的な遺伝暗号を何というか。

HINT　**6**　このような流れをセントラルドグマという。
　8　(2) DNA の塩基は4種類で，n 個が1組となった暗号で 4^n 通りの組み合わせとなる。20種類あるアミノ酸を指定するには，何個あればよいか。

2章 遺伝子とそのはたらき

9 タンパク質合成では，mRNAの塩基配列は次の遺伝暗号表(コドン表)のようにアミノ酸の配列に翻訳される。たとえばUUAというコドンは表の左上のますの上から3番目に示されているロイシンを指定する。

		第2字目の塩基				
		U	C	A	G	
第1字目の塩基	U	フェニルアラニン フェニルアラニン ロイシン ロイシン	セリン セリン セリン セリン	チロシン チロシン (終止) (終止)	システイン システイン (終止) トリプトファン	U C A G	第3字目の塩基
	C	ロイシン ロイシン ロイシン ロイシン	プロリン プロリン プロリン プロリン	ヒスチジン ヒスチジン グルタミン グルタミン	アルギニン アルギニン アルギニン アルギニン	U C A G	
	A	イソロイシン イソロイシン イソロイシン メチオニン(開始)	トレオニン トレオニン トレオニン トレオニン	アスパラギン アスパラギン リシン リシン	セリン セリン アルギニン アルギニン	U C A G	
	G	バリン バリン バリン バリン	アラニン アラニン アラニン アラニン	アスパラギン酸 アスパラギン酸 グルタミン酸 グルタミン酸	グリシン グリシン グリシン グリシン	U C A G	

(1) 次に示す塩基配列のDNA鎖が鋳型となって転写が行われた場合，生じるmRNAの塩基配列を答えよ。

TACTTGCCCAGGTTA

(2) 転写で生じたmRNAが左端から翻訳される場合に指定されるアミノ酸を，上の遺伝暗号表を参照して配列順に示せ。

10 次の文の空欄に適する語句や人名を入れよ。

細胞が特定の形やはたらきをもつようになることを①(　　　)という。これに対して特定のはたらきをもたない細胞を②(　　　)の細胞という。1962年，イギリスのガードンは核のはたらきを失わせたアフリカツメガエルの③(　　　)に別個体の腸の上皮細胞の核を移植し，正常な個体を発生させることに成功した。2006年，京都大学の④(　　　)は，体細胞に少数の特定の遺伝子を入れることで②(　　　)の細胞の作成に成功。再生医療などへの利用が期待されるこの細胞は⑤(　　　)と名付けられた。ガードンと④(　　　)は2012年にノーベル医学生理学賞を受賞した。

11 体内環境と体液

1 体内環境と恒常性

1│ 体外環境 生物の体外の環境。温度，湿度，光，養分など。

2│ 体内環境 生体内の細胞の環境。
→内部環境ともいう。
温度，水分量，溶けている物質，pH，浸透圧など。細胞は体液に浸されているため，体外環境より変化が小さい。

3│ 恒常性（ホメオスタシス） 体外環境の変化に対して，体内環境を一定の範囲に保とうとするはたらき。

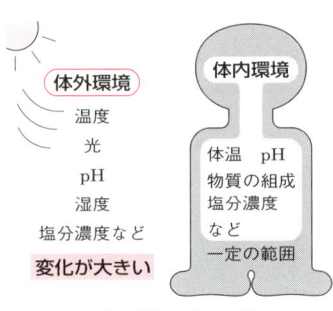

体外環境
- 温度
- 光
- pH
- 湿度
- 塩分濃度など

変化が大きい

体内環境
- 体温 pH
- 物質の組成
- 塩分濃度
- など
- 一定の範囲

▲体外環境と体内環境

2 脊椎動物の体液

1│ 細胞外液＝体液＝体内環境。

- **組織液**…細胞間にあり，細胞を浸している。
- **血液**…血管内の体液。血球を浸遊させている。
- **リンパ液**…リンパ管内の体液。リンパ球を含む。
  └「リンパ」ともいう。

ココに注目！
液体成分と細胞（血球やリンパ球）からなる。

2│ 体液どうしの関係 体液は互いに成分が共通している。

a) 組織液のおもな成分は，血管からしみ出した血しょう。
 →血液の液体成分。
b) 組織液がリンパ管内にはいってリンパ液になる。
c) 血しょうの濃度が上がると，濃度差をなくすように組織液の水分が血しょうに移動。

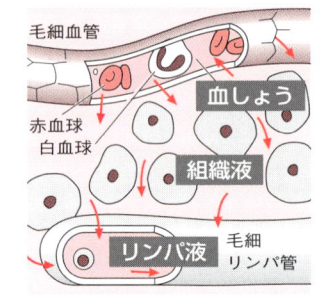

▲3種類の体液の関係

3 血液の成分

- 有形成分…**血球**（**赤血球，白血球，血小板**）
- 液体成分…**血しょう**

3章 個体の恒常性の維持

4 赤血球

1│ 形態 ヒトの赤血球は核のない細胞で，中央がくぼんだ円盤状。
　　　　　　　　　　　　　　　　　　　　　　　　　→直径は7〜8μm。
2│ 成り立ち 骨髄でつくられ，古くなるとひ臓や
肝臓で壊される。　寿命は120日ほど。
　　　　　　→タンパク質の一種
3│ 役割 ヘモグロビンによって，酸素を肺から
全身に運ぶ（→ p.51）。
　　　　　　　　　　　→男性のほうが女性より多い。
4│ 数 1mm³中に約500万個。血球の中で最も多い
（血小板は10万〜40万，白血球は4000〜8500程度）。

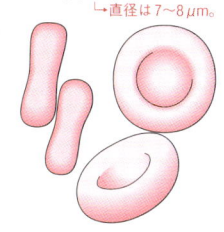

▲赤血球

5 白血球

1│ 形態 有核で，赤血球より大きい。
2│ 役割 生体防御にはたらき，いくつ
かの種類がある（→ p.70）。
a) 体外から侵入した細菌などの異物を
食べて処理する食作用をもつ細胞。
単球，顆粒白血球(好酸球など)。
b) 抗体産生など免疫のはたらきの中心
になる細胞（リンパ球）。

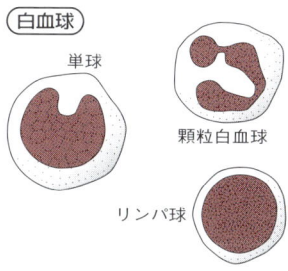

（白血球）
単球
顆粒白血球
リンパ球

（血小板）

▲白血球と血小板

6 血小板

1│ 形態 無核で不定形，赤血球より小さい。
2│ 役割 血液凝固因子を含み，血液凝固（→ p.50）にはたらく。

7 血しょう

1│ 成分 **90%**は水。他の成分はタンパク質，グルコース，無機塩類など。
2│ タンパク質 アルブミン，フィブリノーゲン，免疫グロブリンなど。
　　　　　　　　　血液凝固にはたらく(p.50)。　　　　　→抗体の成分(p.70)
3│ 役割 血球・栄養分・老廃物・ホルモンの運搬，pH・体温の調節など。
　　　　　　　　　　　　　　　　　　　　　　　　→p.62

> **要点** 血液の成分のはたらき
> 赤血球…酸素の運搬（ヘモグロビン）
> 白血球…生体防御（食作用，免疫機能）
> 血小板…血液凝固

2編 生物の体内環境の維持

12 循環系とそのつくり

1 循環系とは

1) **循環系** 多細胞生物で，からだの細胞に酸素や栄養分を運び，細胞からの老廃物を運び出すための器官系。→はたらきの関連した器官のまとまり 例 **血管系，リンパ系**

2) **血管系** 血液を循環させる。**心臓**と**血管**（動脈，静脈，毛細血管）からなる。開放血管系と閉鎖血管系とがある（→ p.48）。

3) **リンパ系** リンパ液が流れる（→ p.49）。組織液が毛細リンパ管にはいり，リンパ液となる。毛細リンパ管は合流して**リンパ管**となり，全身を循環する。最終的にリンパ液は静脈に流れ込む。**リンパ節**は免疫の場としてはたらく。

2 ヒトの血管系

1) **体循環** 心臓から出て全身に酸素や栄養分を送り，腎臓では老廃物の排出が行われて心臓にもどる。

　　心臓（左心室）→**大動脈**→毛細血管（組織）→**大静脈**→心臓（右心房）

2) **肺循環** 心臓から出て肺でガス交換を行い，心臓にもどる。

　　心臓（右心室）→肺動脈→毛細血管（肺）→肺静脈→心臓（左心房）
　　　　　　　　→流れるのは静脈血　　　　　　→流れるのは動脈血

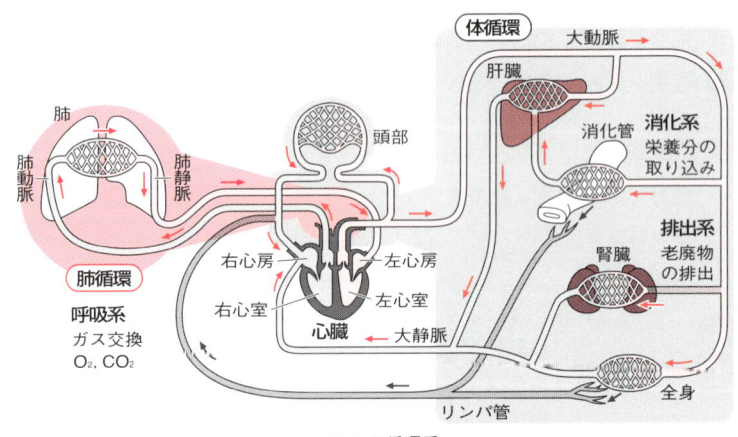

▲ヒトの循環系

> **要点** [ヒトの循環系]
> **体循環** 心臓(左心室)→ 大動脈 → 全身 → 大静脈 → 心臓(右心房)
> ↑　　　　　　　　　　　　　　　　　　　　　↓
> **肺循環** 心臓(左心房)← 肺静脈 ← 肺 ← 肺動脈 ← 心臓(右心室)

3 心臓のつくりとはたらき **重要**

1 心臓のつくり 哺乳類の心臓は **2心房2心室**。 →魚類は1心房1心室, 両生類は2心房1心室。

- 右心房…全身からの血液が流れ込む。
- 右心室…肺へ血液を送り出す。
- 左心房…肺からの血液が流れ込む。
- 左心室…全身へ血液を送り出す。

ココに注目! 血液は心房からはいって同じ側の心室から出る。

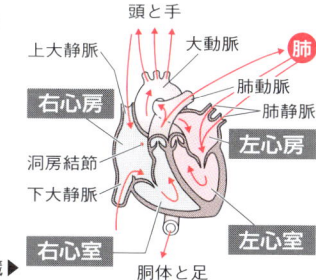

▶ヒトの心臓

2 心臓の拍動(はくどう) 心房と心室の規則正しい収縮と拡張がくり返される。拍動の速さは,自律神経(→p.60)やホルモン(→p.62)によって調節される。

3 心臓の自動性 洞房結節(とうぼうけっせつ)(ペースメーカー)で周期的な興奮が起こる。→p.58
興奮は刺激伝導系によって心臓全体に伝わり,収縮が起こる。

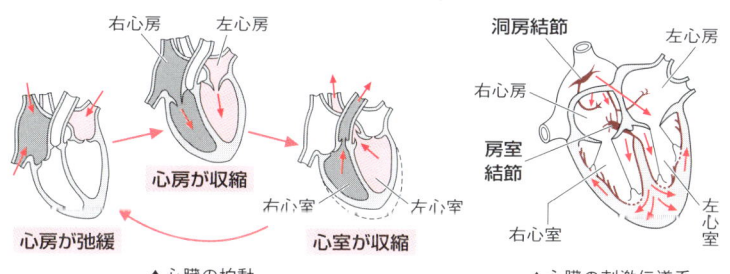

▲心臓の拍動　　　　　▲心臓の刺激伝導系

> **要点** 哺乳類の心臓は **2心房2心室**。
> 心臓の自動性…**洞房結節(ペースメーカー)** による周期的拍動。

4 血管の種類

1 動脈 心臓から出る血液が通る。血管壁が厚く,弾力性に富む。
　→平滑筋と結合組織が発達。

2 静脈 心臓にもどる血液が通る。血管壁が薄く,逆流を防ぐ弁がある。

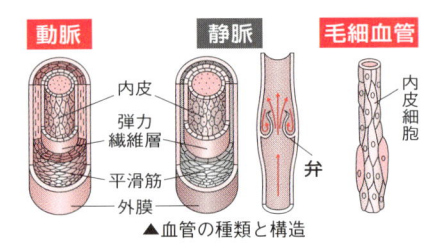

▲血管の種類と構造

3 毛細血管 細かく枝分かれした血管で,血液と組織液の間での物質のやりとりが行われる。血管壁は1層の細胞でできている。

4 門脈 器官から出た後,別の器官に再びはいる静脈。例 **肝門脈**
　　　　　　　　　　　　　　　　　　　　　　小腸で吸収した物質を肝臓へ運ぶ(p.56)。

5 動脈血は酸素を豊富に含む血液で,**肺静脈**と**大動脈**を流れる。
静脈血は二酸化炭素が多く酸素が少ない血液で**肺動脈**と**大静脈**を流れる。

> **要点** **動脈**…血管壁が厚い。**静脈**…弁がある。**毛細血管**…1層の細胞。

5 開放血管系と閉鎖血管系

1 開放血管系 毛細血管がない。動脈の末端から血液が流れ出て,組織の細胞間を流れた後,静脈から心臓にもどる。
例 節足動物,軟体動物のうち貝の仲間。

2 閉鎖血管系 動脈と静脈の間が毛細血管で結ばれている。赤血球など多くの有形成分は血管の外に出ない。
例 **脊椎動物**,環形動物(ミミズなど),軟体動物のうち頭足類(イカなど)。

> **要点**
> **開放血管系**…毛細血管なし
> **閉鎖血管系**…毛細血管あり

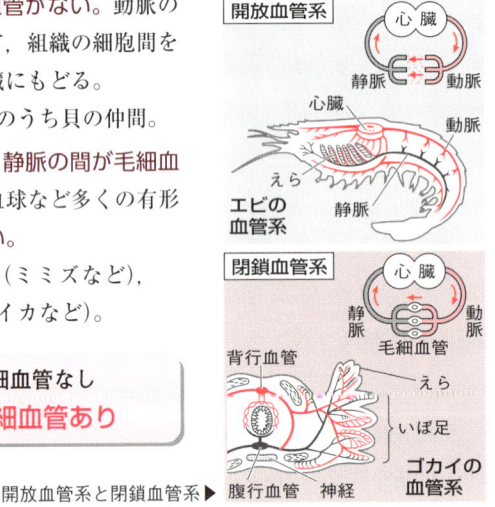

開放血管系と閉鎖血管系▶

3章　個体の恒常性の維持

6 リンパ系とそのはたらき

1 リンパ液の流れ（ヒト）
組織液を**毛細リンパ管**から取り込む。
➡合流して太い**リンパ管**になる。➡**胸管**とリンパ総管に集まる。➡**左鎖骨下静脈**と合流する。

2 脂肪の吸収
小腸では，糖やアミノ酸は毛細血管から吸収されるが，脂肪は毛細リンパ管（**乳び管**）から吸収される。

3 **リンパ節**
リンパ球が多数集まっていて，**免疫**機能によってリンパ液中の病原体などを除去する。

▶ヒトのリンパ系

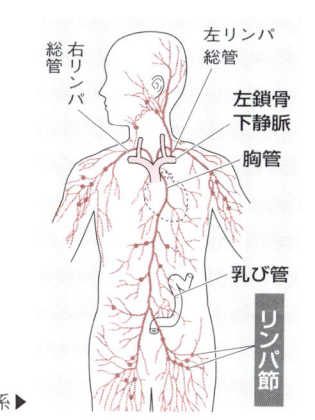

（図ラベル：右リンパ総管／左リンパ総管／左鎖骨下静脈／胸管／乳び管／リンパ節）

> **要点**
> **組織液**（組織）→**リンパ液**（リンパ管）→**血液**（静脈）
> 　　　　　　↳リンパ液の流れは循環ではなく一方向。

7 循環量の調節

1
運動中の筋肉や食後の消化管など，一時的に大量の血液を必要とする臓器や器官があるため，血流量の調節が行われる。

2 毛細血管
各臓器の毛細血管への出入口の大きさを変えることで，流れ込む血流量が調節される。

ココに注目！
安静時には血液全体の約65%が静脈に存在。

3 静脈
静脈が収縮することで心臓に流れ込む血液を増やし，全身を循環する血流量を増やすことができる。

4 各臓器の血流量とその増減
心臓から送り出される血流量は激しい運動を行う際には安静時の4倍にも増大し，臓器ごとの配分も変動する。

a) 腎臓…全血流量の20〜25%が流れる（安静時）。
　↳血液中の老廃物をろ過する（p.52）。
b) 肝臓…全血流量の約30%が流れる（安静時）。
　↳血液中の有機物を合成・分解する（p.56）。

ココに注目！
肝臓と腎臓の合計で全体の約半分に及ぶ。

c) 筋・皮膚　全体重の約50%の重量を占めるが安静時に流れる血流は全血流量の15〜20%。**激しい運動時には劇的に増大。**

d) 脳…どのような環境下でも血流量はほぼ一定（安静時全体の約15%）。

13 血液凝固と酸素運搬

1 血液凝固 重要

1│ 血液凝固のしくみ 血管が傷付くと次のような連鎖反応によって**血ぺい**ができ，出血を止める。

a) **血液凝固因子の放出** 出血に伴い組織や**血小板**から放出される。

b) **トロンビンの生成** 凝固因子やCa^{2+}（←カルシウムイオン）のはたらきにより，血しょう中のプロトロンビンが**トロンビン**になる。

c) **フィブリンの生成** トロンビンの作用によって，血しょう中のフィブリノーゲンが繊維状の**フィブリン**となり，血球をからめて**血ぺい**となる。

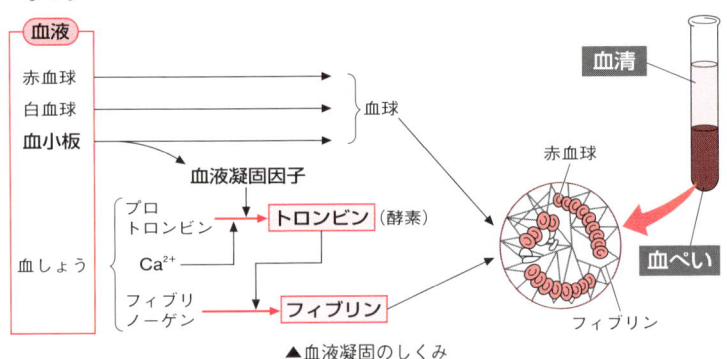

▲血液凝固のしくみ

要点 [血液凝固] **血小板**が血液凝固因子放出 → **トロンビン**（酵素）生成 → **フィブリン**（繊維素）生成 → **血ぺい**

2│ 血しょうと血清 血液から凝固した血ぺいを除いた液体成分を**血清**という。

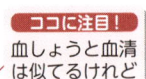

a) 血しょう＝血液－血球
b) 血清＝血しょう－血液凝固にはたらいた物質（←フィブリン）

ココに注目！
血しょうと血清は似てるけれど区別しよう。

3│ 線溶（フィブリン溶解） 血管の傷が修復されると，傷をふさいでいた血ぺいを溶かすはたらきが起こり，取り除く。

3章 個体の恒常性の維持

2 ヘモグロビンによる酸素の運搬 　重要

1│ 酸素の量との関係　ヘモグロビンは酸素の多い場所(肺)では酸素と結びつき，**酸素ヘモグロビン**となる。酸素の少ない場所(末梢の組織)では酸素を離しやすくなる。
└→ O_2 分圧が高い。

　　酸素解離曲線(右のグラフ)の形は**S字形**を引き伸ばした形になる。

2│ 二酸化炭素の量との関係　二酸化炭素の多い場所(末梢の組織)では，ヘモグロビンは酸素を離しやすくなる。
└→ 酸素解離曲線は下にずれる。

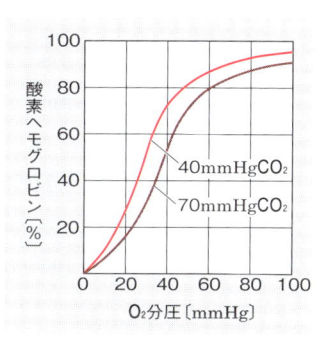

▲酸素解離曲線

| 要点 | ヘモグロビンと酸素の結合 | 酸素(O_2)濃度高(肺)…**酸素ヘモグロビンになる。**
酸素(O_2)濃度低(組織)…酸素を離す。
二酸化炭素(CO_2)濃度が高いと酸素を離しやすくなる。 |

例題研究　酸素解離曲線

　このページ右上の図から，肺胞で酸素と結合したヘモグロビンのうち，末梢組織で酸素を解離するものの割合(解離度)を求めよ。ただし，肺胞の O_2 分圧は100，CO_2 分圧は40とし，末梢組織の O_2 分圧は30，CO_2 分圧は70(単位はmmHg)とする。
└→酸素ヘモグロビン(HbO_2)

解　酸素ヘモグロビンは，CO_2 分圧40のグラフから，肺胞中のヘモグロビンのうち96%と読みとることができる。組織中の酸素ヘモグロビンは，CO_2 分圧70のグラフより30%。組織で酸素を離した酸素ヘモグロビンの量は　96−30=66〔%〕である。

　肺胞で酸素と結合した96%のヘモグロビン(酸素ヘモグロビン)のうち組織で酸素を離したものは66%であるので，解離度は，

$\frac{66}{96} \times 100 = 68.8$〔%〕　**答 68.8%**

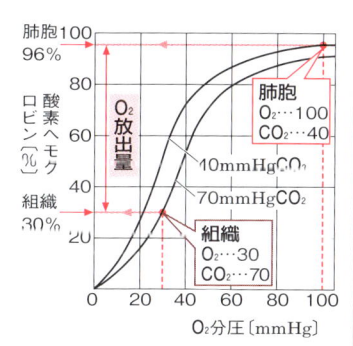

14 腎臓のはたらき

1 腎臓のつくり 重要

1] 腎臓の位置と形 ソラマメ形で、腹腔の背中側に左右1対ある。それ
ぞれの腎臓から**輸尿管**が出て**ぼうこう**につながる。
　↳腹部の内臓がおさまる腔所。

2] 腎臓の構造 1つの腎臓には尿をつくる**腎単位**が約100万個ある。
　a) 腎単位(ネフロン)…皮質にある。腎小体, 細尿管, 毛細血管からなる。
　　　　　　　　　　　　　　　　　　　　　　　↳腎細管ともいう。
　b) 腎小体(マルピーギ小体)…糸球体とそれを包むボーマンのうからなる。
　　　　　　　　　　　　　　↳毛細血管の集まり。

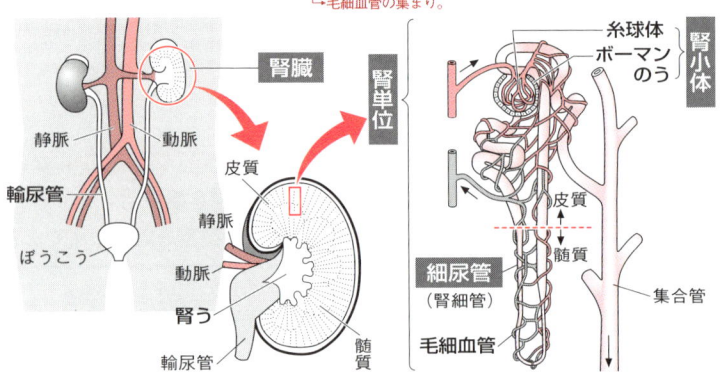

> **要点**
> [腎臓の構造] { 腎単位＝腎小体＋細尿管＋毛細血管
> 　　　　　　　 腎小体＝糸球体＋ボーマンのう

2 腎臓での尿の生成 重要

ココに注目! ヒトでは1日に原尿は約170Lでき、1.5Lの尿に濃縮される。

1] 糸球体からボーマンのうへ血しょうが**ろ過**され、
原尿がつくられる。血しょう中の**タンパク質**はろ
過されない。

2] 細尿管や集合管で、水分などが毛細血管へ**再吸収**され、原尿は尿となる。グルコースは**100％再吸収**される。
　　　　　　　　　　　　　　　　　　　↳能動輸送のはたらきによる。

> **要点**
> [原尿の生成] 血しょうが、糸球体→ボーマンのうで**ろ過**される。
> [尿の生成] 原尿が、細尿管→毛細血管の**再吸収**によって濃縮される。

3章　個体の恒常性の維持

▲尿生成のしくみ

腎動脈／血液／腎小体（糸球体／ボーマンのう）／細尿管／ろ過／原尿／毛細血管／再吸収／グルコースの100%，水・塩類の大部分が再吸収される。／腎静脈／尿／腎う へ

▲ヒトの血液（血しょう），原尿，尿の成分
単位は質量パーセント濃度

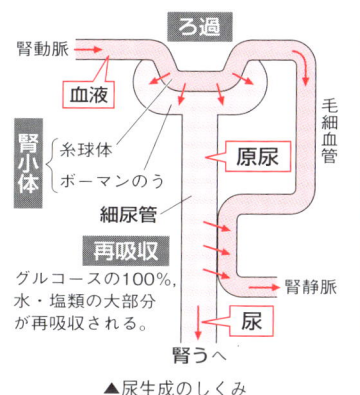

成　分	血しょう〔%〕	原　尿〔%〕	尿〔%〕
水	92	99	95
タンパク質	7.2	0	0
グルコース	0.1	0.1	0
尿　素	0.03	0.03	2
尿　酸	0.004	0.004	0.05
クレアチニン	0.001	0.001	0.075
Na$^+$→ナトリウム	0.3	0.3	0.35
Cl$^-$→塩素	0.37	0.37	0.6

例題研究　腎臓での再吸収量の計算

(1) このページの右上の表より，尿素の濃縮率〔倍〕を答えよ。
(2) イヌリンという物質は，血しょう中のすべてがボーマンのうにろ過され，再吸収は行われない。この物質の血しょう中の濃度と尿中濃度を比較した濃縮率が120倍で，1時間に100 mLの尿がつくられた場合，原尿の生成量と，水の再吸収量はそれぞれ何mLか。

解 (1) $\dfrac{2}{0.03} ≒ 66.6$

(2) イヌリンが再吸収されないことから，原尿量＝尿量×イヌリンの濃縮率である。よって，100 mL × 120倍＝12000 mL。水の再吸収量＝原尿量－尿量。よって，12000 − 100 ＝ 11900 mL

答 (1) **67倍**　(2) 原尿の生成量…**12000 mL**，水の再吸収量…**11900 mL**

3 浸透圧調節にはたらくホルモン

1 バソプレシン（脳下垂体後葉ホルモン）　腎臓での**水の再吸収を促進**する。→尿量減少＝水の保持　（→水を血液中にもどす。）
→p.65

2 鉱質コルチコイド（副腎皮質ホルモン）　腎臓での**塩類の再吸収を促進**する。→薄い尿＝塩類の保持　（→ナトリウムイオン）
→p.65

要点　[ホルモンと浸透圧調節]（尿の調節）
バソプレシン…水の再吸収　鉱質コルチコイド…塩類の再吸収

15 いろいろな動物の体液濃度調節

1 水生動物の体液濃度と体外環境

生物の細胞膜は水を通す性質があり，膜の内外で塩分などの濃度差がある
　　　　　↳ リン脂質からなる。　　　　　　↳ アクアポリンという水の通路がある。
と，濃度の低い側から濃度の高い側へ水分が移動する。このため，体液より
　　　　　　　　　　　　　↳「浸透圧が高い」と表現される。
濃度が高い海水では水が体外へ出ていこうとし，真水では逆の現象が起こる。
　　　　↳ 脊椎動物などでは表皮は水を通さないが消化管などから水の出入りが起こる。

2 硬骨魚類の体液濃度調節　重要

1｜体液の塩分濃度調節にはたらく器官

a) **えら**…塩類細胞が存在し，塩類の能動輸送を行う。
b) **腎臓**…尿の塩分濃度調節，尿量の調節
c) **腸**…水，塩類の吸収

淡水魚は塩類の吸収・水の排出。海水魚はその逆。

2｜海産硬骨魚の体液濃度調節
体外が高濃度なので，体内の水が奪われる。

➡ **水を保持・塩類を排出**…えらから塩類を排出，腸で水を吸収，体液と**等濃度の尿**を少量排出。

ココに注目！ 魚類は体液より高濃度の尿はつくれない。

3｜淡水産硬骨魚の体液濃度調節
体外の濃度が低いので，体内に水がはいってくる。

➡ **水を排出・塩類を保持**…えらから塩類を吸収，腸で塩類を吸収，体液より**低い濃度の尿**を多量に排出。

ココに注目！ えらはガス交換以外にも重要なはたらきをもつ。

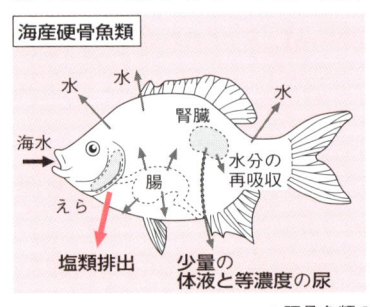

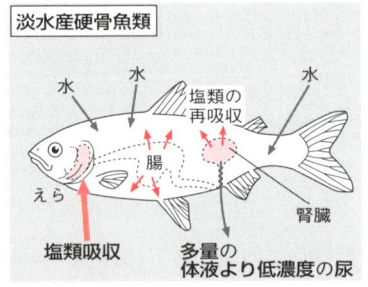

海産硬骨魚類：海水／水／腎臓／水分の再吸収／腸／えら／塩類排出／少量の体液と等濃度の尿

淡水産硬骨魚類：水／塩類の再吸収／腸／えら／腎臓／塩類吸収／多量の体液より低濃度の尿

▲硬骨魚類の体液濃度調節

要点　[魚類の体液濃度調節]
海産硬骨魚……えらから塩類排出，**少量の等濃度尿**
淡水産硬骨魚…えらから塩類吸収，**多量の低濃度尿**

3章 個体の恒常性の維持

3 海産無脊椎動物における体液の濃度調節

1 **外洋にすむカニ** 調節機構が未発達。体液は外液と等張。

2 **河口域にすむカニ** 調節機構が発達している。

3 **川と海を行き来するカニ** 体液濃度の調節機構はとても発達している。

> **要点** [海産無脊椎動物の体液濃度調節機能]
> **外洋で生活＜河口で生活＜川と海を行き来**

ココに注目！
グラフが水平に近いほど、体液濃度調節機能が発達。

例題研究 カニの体液濃度調節

右図は3種類のカニについて、外液の塩分濃度と体液の塩分濃度との関係を示したものである。次の(1)～(3)のカニにあてはまるのは、それぞれ図中のA～Cのうちどれか。
(1) 川と海を往復するモクズガニ
(2) 河口域に生息するミドリイソガザミ
(3) 外洋域に生息するケアシガニ

解 塩分濃度の変化の大きい環境に生息する生物は、体液濃度の調節機能が発達している。この調節機能が発達した生物は、外液の塩分濃度が変化しても体液の塩分濃度が大きく変化しない。これらのことから、それぞれのグラフが(1)～(3)の生息するどの環境の塩分濃度の範囲に適応しているかを読みとる。

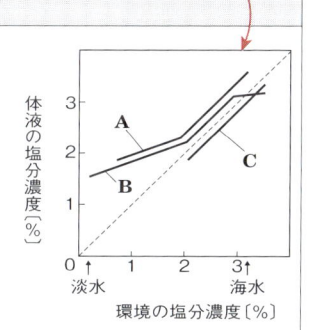

答 (1) **B** (2) **A** (3) **C**

4 いろいろな動物の体液濃度

1 **無脊椎動物** 海水生のものは体液濃度の調節のしくみが未発達。
　　↑サメやエイの仲間

2 **軟骨魚類** 尿素を血液中に蓄えて体液濃度を海水と同等に保つ。

3 **硬骨魚類** 海水生も淡水生も体液濃度を保つしくみが発達。
　　　　　　　　→前ページ参照。

4 **陸生の脊椎動物** 皮膚は防水性が高く、腎臓のはたらきにより水分量が維持される。
　　→老廃物や余分な塩分を少ない水分で排出(p.52)。

▲動物の体液濃度

16 肝臓のはたらき

1 肝臓のつくり

1] 肝臓の位置と大きさ 腹腔右上部にある大きな臓器。約1〜2kgある。動脈と静脈のほか(肝動脈・肝静脈)、横隔膜のすぐ下に消化管とひ臓から出る静脈が合流した**門脈**(肝門脈)がつながっている。

2] 肝小葉 肝臓を構成する基本単位。約50万個の肝細胞からなる。大きさ約1mmで1つの肝臓に約50万個存在する。

3] 栄養分を運ぶ血液の流れ 肝門脈→(類洞)→中心静脈→肝静脈

4] 胆汁の分泌 肝細胞で合成→胆細管→胆管→十二指腸

2 肝臓のはたらき

1] グリコーゲンの貯蔵と代謝 血液中のグルコース(ブドウ糖)をグリコーゲンに合成して貯蔵。また、逆の反応も行い、**血糖量を調節**(→p.67)。

2] 尿素の合成 タンパク質やアミノ酸の代謝で生じた**アンモニア**(毒性が強い。)を毒性の少ない**尿素**にする(尿素回路)。オルニチン回路ともいう。血液で運ばれ、腎臓で尿中に濃縮、排出される。

3] タンパク質の合成 アルブミン(血しょう中のタンパク質の大部分を占め、物質運搬にはたらく)やグロブリンなどを合成。→免疫グロブリン(p.70)は肝臓ではなくリンパ節などでつくられる。

4] 胆汁の合成 脂肪の乳化を助ける**胆汁**を合成し、十二指腸に分泌。

5] 赤血球の処理 古い赤血球の処理。➡ビリルビンが生成。胆汁中に排出。ひ臓から送られてくる。

6] 解毒作用・発熱 代謝で生じた熱は体温維持に役立つ。

▲肝臓の位置とつくり

要点 [肝臓のはたらき] ①**血糖量**の調節(グルコース⇔グリコーゲン) ②**尿素**の合成(アンモニアの処理) ③タンパク質の合成 ④胆汁の合成 ⑤赤血球の処理(ビリルビン) ⑥解毒 ⑦発熱

17 神経細胞と興奮の伝わり方

1 神経と刺激の受容・反応

1| 感覚の成立 外部からの刺激は**受容器**によって受け取られる。その情報は**感覚神経**によって大脳の**感覚中枢**に伝えられ，**感覚**となる。

2| 刺激に対する反応 刺激を受けた受容器からの情報は**中枢**神経で処理され，**運動神経**によって筋肉などの**効果器**に伝えられて**反応**が起こる。
└→脳・延髄・脊髄
└→作動体ともいう。

刺激 → 受容器 →(感覚神経)→ 中枢神経（情報の処理・感覚の成立）→(運動神経)→ 効果器 → 反応

▲刺激の受容から反応が起こるまで

2 神経細胞(ニューロン)の構造

1| ニューロンの種類と構造

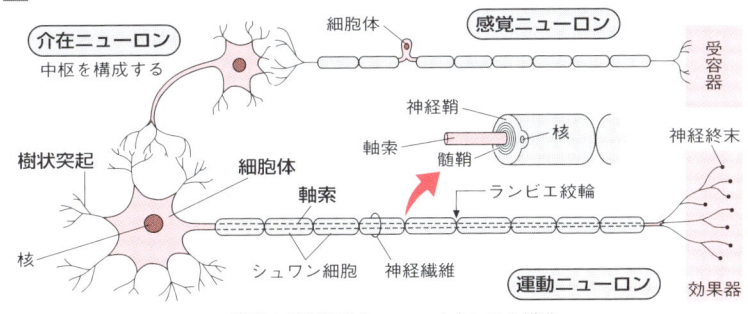

▲3種類の神経細胞(ニューロン)とその構造

介在ニューロン（中枢を構成する）／感覚ニューロン／運動ニューロン
樹状突起、細胞体、核、軸索、シュワン細胞、神経繊維、神経鞘、髄鞘、ランビエ絞輪、神経終末、受容器、効果器

2| 神経繊維の種類

ココに注目！ 有髄神経は脊椎動物のみ。

有髄神経…軸索をおおう神経鞘に**髄鞘**がある。（→シュワン細胞からなる）
興奮の伝わる速度が速い。 例 脊椎動物の運動神経
└→p.58

無髄神経 髄鞘がない。興奮の伝わる速度が比較的遅い。

要点
神経細胞(ニューロン)＝細胞体＋樹状突起＋軸索
軸索が**髄鞘**に包まれている有髄神経，包まれていない無髄神経

3 興奮の発生

1 活動電位と興奮 ニューロンは，細胞膜に刺激を受けると，膜内外に生じている電位に変化(**活動電位**)が生じる。活動電位の発生を**興奮**という。

2 全か無かの法則 ニューロンは刺激が一定の値(**閾値**)より小さいと興奮せず，閾値以上であれば刺激の大きさに関係なく一定の強さで興奮する。
　　　　　　　　　　　　　　　　　→限界値ともいう。

> **要点**
> 興奮…膜電位の変化(**活動電位**)
> 刺激の強さが閾値未満なら興奮は **0**，**閾値以上なら興奮は一定**。

4 興奮の伝導

1 興奮の伝導 細胞膜の部分的な興奮は，隣接部の興奮を起こす。興奮により隣接部との間に**活動電流**が流れ，活動電流によって興奮が伝わることを**興奮の伝導**という。

2 有髄神経での興奮の伝導 有髄神経では，軸索が髄鞘でおおわれているため興奮は**ランビエ絞輪**ごとに伝わっていく。これを**跳躍伝導**という。
→電流を通しにくい。　　　　　　　　　　　→髄鞘の切れ目

> **ココに注目！**
> 跳躍伝導は伝導速度が速い。

3 伝導速度 興奮の伝導速度は，軸索が太く，温度が高いほうが速い。また，有髄神経のほうが無髄神経よりも速い。

　例　ネコの有髄神経…100 m/s，無髄神経…1 m/s

5 興奮の伝達　**重要**

1 シナプス ニューロンと別のニューロンや筋肉との接続部を**シナプス**という。軸索の末端部には**神経伝達物質**(アセチルコリンなど)を含む**シナプス小胞**がある。

2 興奮の伝達 軸索末端まで興奮が伝導するとシナプス小胞から神経伝達物質が分泌され，次の細胞を興奮させる。

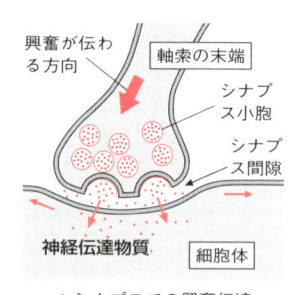

▲シナプスでの興奮伝達

> **要点**
> 伝導…神経繊維内・**活動電流**による・**両方向**
> 伝達…細胞間(シナプス)・神経伝達**物質**による・**一方向のみ**

3章　個体の恒常性の維持

6 中枢神経と末梢神経（ヒト）　重要

1） 中枢神経系　ニューロンが集まっていて，**情報の処理**が行われる。**脳**と**脊髄**で構成される。

2） 末梢神経系　**中枢神経と末梢（受容器や効果器）の連絡**にはたらく。

a) はたらきによる分類…**体性神経**は，おもに感覚と随意運動にはたらく。
　自律神経は意識とは無関係に，体内の調節にはたらく（→ p.60）。

b) つくりによる分類…**脳神経**（脳から出る神経）と**脊髄神経**（脊髄から出る神経）がある。
　　　　　　　　　　　↳12対　　　　　　　　　　　31対↲

神経系
- 中枢神経系
  - 脳（大脳，間脳，中脳，小脳，延髄）
  - 脊髄
- 末梢神経系
  - 体性神経
    - 感覚神経 …求心性神経
    - 運動神経
  - 自律神経
    - 交感神経　　遠心性神経
    - 副交感神経

ココに注目！
脳には延髄も含まれる。この脳に脊髄も加えたものが中枢神経系。

7 脳のつくりとはたらき

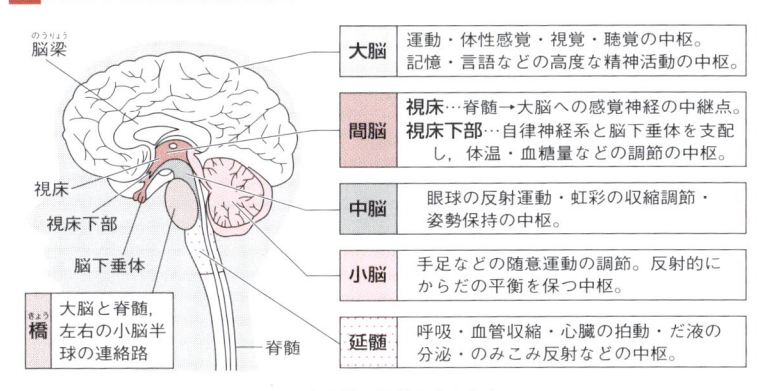

脳梁
視床
視床下部
脳下垂体
橋　大脳と脊髄，左右の小脳半球の連絡路
脊髄

大脳	運動・体性感覚・視覚・聴覚の中枢。記憶・言語などの高度な精神活動の中枢。
間脳	視床…脊髄→大脳への感覚神経の中継点。視床下部…自律神経系と脳下垂体を支配し，体温・血糖量などの調節の中枢。
中脳	眼球の反射運動・虹彩の収縮調節・姿勢保持の中枢。
小脳	手足などの随意運動の調節。反射的にからだの平衡を保つ中枢。
延髄	呼吸・血管収縮・心臓の拍動・だ液の分泌・のみこみ反射などの中枢。

▲ヒトの脳の各部のはたらき

要点
- **間脳**…からだの体内環境（**恒常性**）の調節。
- 中脳…眼球に関する調節。姿勢維持。
- 小脳…運動の調節。バランス調節。
- 延髄…生命維持（呼吸・心臓拍動）。

ココに注目！
上段でも述べたように，脳には延髄も含まれる。

2編 生物の体内環境の維持

18 自律神経系とそのはたらき

1 自律神経とは

1] 間脳視床下部に中枢をもつ末梢神経で，**意識とは関係なく**，内臓などのはたらきを調節してからだの恒常性を保つはたらきをもつ。
　→p.59

2] **交感神経**と**副交感神経**の2種類がある。

3] 交感神経は脊髄，副交感神経は中脳，延髄，脊髄から出て，いったんシナプスで次のニューロンに接続したのちに目的の器官に達する。
　└→神経節

2 自律神経のはたらき　重要

1] **自律神経の拮抗的なはたらき**　交感神経と副交感神経はそれぞれが同じ臓器に分布して，**拮抗的に**はたらく。
　└→一方しか分布しないところもある。

> ココに注目！
> 互いに正反対のはたらきをすることで調節。

2] **交感神経**　**緊張・興奮状態で**はたらく。動物では闘争や逃走などエネルギーを消費するからだの状態ではたらく。

3] **副交感神経**　**リラックスした状態で**はたらく。休息時に，力をたくわえるような状態ではたらく。

4] **交感神経の作用**（興奮時のからだの状態）…心臓の拍動が速くなり，血管が収縮するため**血圧が高まる**。胃や腸など**消化器官のはたらきは抑制される**。**瞳孔は拡大**。
　　　　　　　　　　　　　　　　光（視覚情報）を多くとり入れる。←

> ココに注目！
> 血管が収縮するため，顔は青ざめる。

5] **副交感神経の作用**（リラックス時の状態）…呼吸や血液の循環はおだやかに，消化器官のはたらきは活発になる。

> ココに注目！
> 副交感神経は血管を収縮させる筋肉や立毛筋には分布しない。

▼交感神経と副交感神経の拮抗作用

種類＼作用	瞳孔	心臓拍動	血圧	呼吸運動	消化作用	血糖	排尿	皮下血管	立毛筋
交感神経	拡大	促進	上昇	促進	抑制	上昇	抑制	収縮	収縮
副交感神経	縮小	抑制	下降	抑制	促進	下降	促進	分布せず	

> 要点
> 自律神経系 ｛ 交感神経…**興奮**させる。（緊張・闘争）
> 　　　　　　 副交感神経…**一服**させる。（休息）

3章　個体の恒常性の維持

3 自律神経のしくみ

1 交感神経　**脊髄**から出て，**交感神経幹**(交感神経節)のシナプスを経
　　　　　　　└→胸髄，腰髄　　　　　　　　　　　　　　　例外あり。
て目的の器官に達する。**ノルアドレナリン**が神経伝達物質。
　　　　　　　　　　　神経節のシナプスではアセチルコリン。

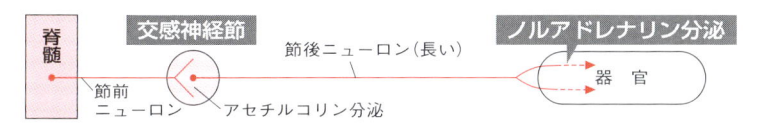

```
[脊髄]———節前ニューロン———<交感神経節>———節後ニューロン(長い)———>[ノルアドレナリン分泌]→器官
                        アセチルコリン分泌
```

2 副交感神経　**中脳・延髄・脊髄**(仙髄)から出て，目的とする器官の
近くで次のニューロンに接続する。神経伝達物質は**アセチルコリン**。

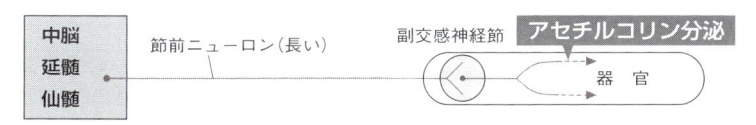

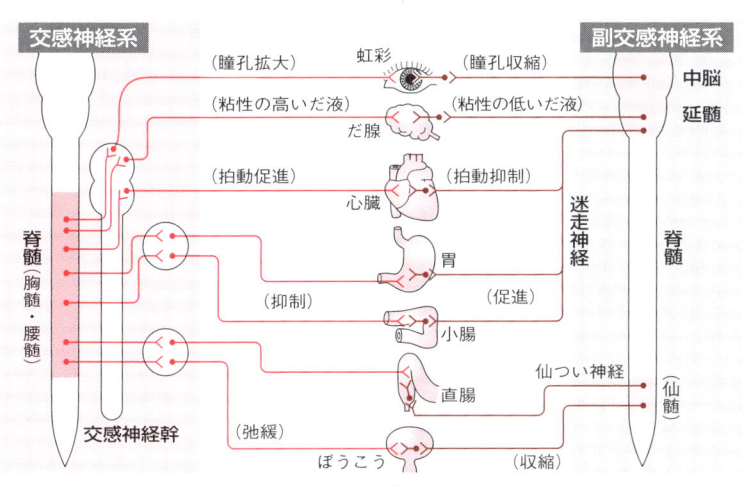

```
[中脳・延髄・仙髄]———節前ニューロン(長い)———<副交感神経節>———[アセチルコリン分泌]→器官
```

交感神経系		副交感神経系
	虹彩 (瞳孔拡大／瞳孔収縮)	中脳
	だ腺 (粘性の高いだ液／粘性の低いだ液)	延髄
脊髄(胸髄・腰髄)	心臓 (拍動促進／拍動抑制)	迷走神経／脊髄
	胃 (抑制／促進)	
	小腸	
	直腸	仙つい神経／仙髄
交感神経幹	ぼうこう (弛緩／収縮)	

▲自律神経系の構造とはたらき

要点
交感神経と伝達物質…「**ノルマ**が怖い・**交換強要**」
　(ノルアドレナリン・交感神経・胸髄・腰髄)
副交感神経と伝達物質…「**汗ふき中の千円**札」
　(アセチルコリン・副交感神経・中脳・仙髄・延髄)

汗をかくのは、交感神経のせいだけどね。

2編 生物の体内環境の維持

19 内分泌腺とホルモン

1 ホルモンとは 重要

1) ホルモンは内分泌腺でつくられ，血液中に分泌されて体内を循環し，特定の器官(組織や細胞)に作用してそのはたらきを調節する物質。
2) ホルモンは特定の器官(標的器官)にのみはたらく。　→p.65
3) ホルモンはごく微量で作用する。
4) ホルモンは脊椎動物の間では種特異性がない。

2 ヒトのおもな内分泌腺とホルモン

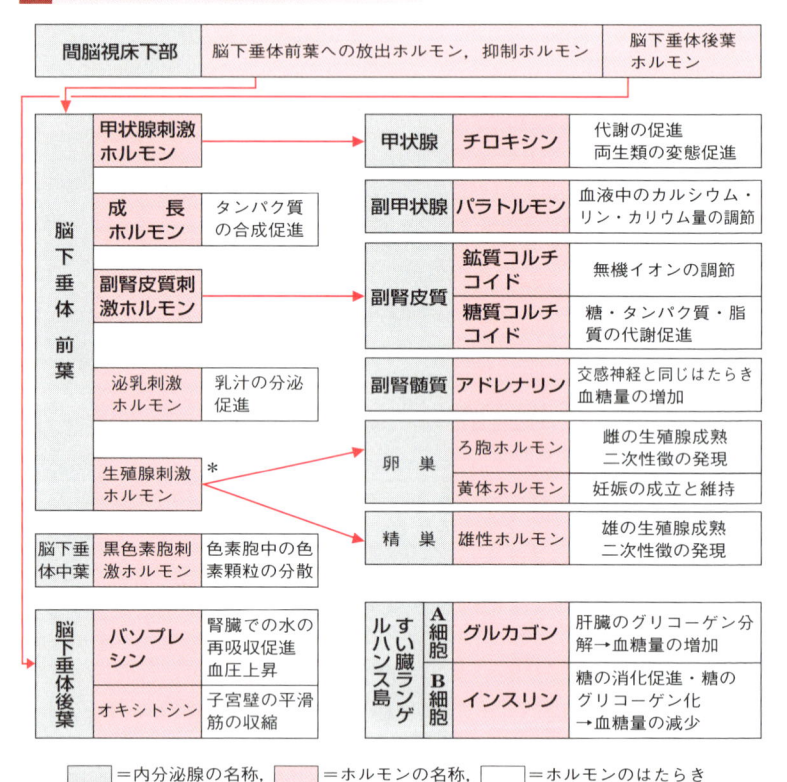

間脳視床下部	脳下垂体前葉への放出ホルモン，抑制ホルモン	脳下垂体後葉ホルモン

内分泌腺	ホルモン名	はたらき	内分泌腺	ホルモン名	はたらき
脳下垂体前葉	甲状腺刺激ホルモン		甲状腺	チロキシン	代謝の促進 両生類の変態促進
	成長ホルモン	タンパク質の合成促進	副甲状腺	パラトルモン	血液中のカルシウム・リン・カリウム量の調節
	副腎皮質刺激ホルモン		副腎皮質	鉱質コルチコイド	無機イオンの調節
				糖質コルチコイド	糖・タンパク質・脂質の代謝促進
	泌乳刺激ホルモン	乳汁の分泌促進	副腎髄質	アドレナリン	交感神経と同じはたらき 血糖量の増加
	生殖腺刺激ホルモン*		卵巣	ろ胞ホルモン	雌の生殖腺成熟 二次性徴の発現
				黄体ホルモン	妊娠の成立と維持
			精巣	雄性ホルモン	雄の生殖腺成熟 二次性徴の発現
脳下垂体中葉	黒色素胞刺激ホルモン	色素胞中の色素顆粒の分散			
脳下垂体後葉	バソプレシン	腎臓での水の再吸収促進 血圧上昇	すい臓ランゲルハンス島	A細胞 グルカゴン	肝臓のグリコーゲン分解→血糖量の増加
	オキシトシン	子宮壁の平滑筋の収縮		B細胞 インスリン	糖の消化促進・糖のグリコーゲン化 →血糖量の減少

☐ =内分泌腺の名称，■ =ホルモンの名称，☐ =ホルモンのはたらき

＊生殖腺刺激ホルモン…ろ胞刺激ホルモン，黄体形成ホルモン，黄体刺激ホルモンの3種。

3 間脳視床下部

1│ 視床下部とは 間脳の下半分。内分泌系
  └→上半分は視床。
および自律神経系の中枢で，ホルモンなど
  └→p.60

> **ココに注目！**
> 恒常性の維持に関するすべての機能の中枢。

の血液中の量や血液の温度を感知し，体内の状態を調節する。

2│ 視床下部のホルモン

a) 脳下垂体前葉のホルモンの分泌を調節するホルモン（放出ホルモン，抑制ホルモン）…視床下部の神経分泌細胞が分泌する。

b) 脳下垂体後葉ホルモン…視床下部が合成し，後葉に送っている。

3│ 内分泌腺の階層構造 内分泌系は階層構造をなしており，上位の内分泌腺のホルモンが下位の内分泌腺のはたらきを調節する。その最上位に視床下部がある。

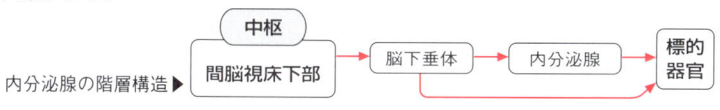

内分泌腺の階層構造▶ 中枢：間脳視床下部 → 脳下垂体 → 内分泌腺 → 標的器官

4 脳下垂体 【重要】

1│ 前葉 他の内分泌腺のはたらきを促進する刺激ホルモンや，成長ホルモンを分泌。
  └→甲状腺，副腎皮質，精巣・卵巣

2│ 中葉 黒色素胞刺激ホルモンを分泌（魚類・両生類・ハ虫類では体色変化に作用，哺乳類ではメラニン細胞の色素合成を促進）。

3│ 後葉 間脳視床下部の神経分泌細胞が合成したホルモン（バソプレシン，オキシトシン）を貯蔵・放出。

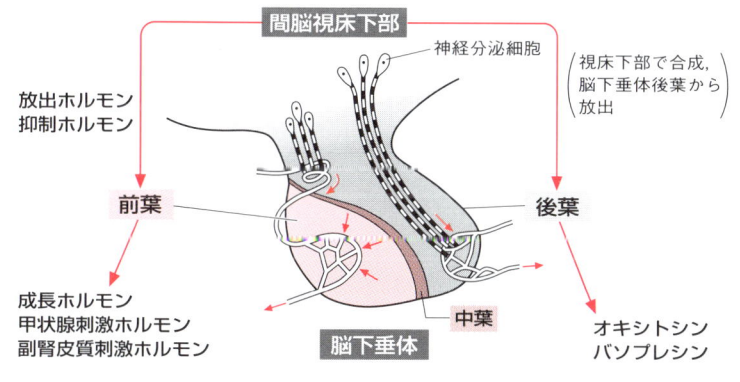

間脳視床下部
神経分泌細胞
（視床下部で合成，脳下垂体後葉から放出）
放出ホルモン
抑制ホルモン
前葉
後葉
成長ホルモン
甲状腺刺激ホルモン
副腎皮質刺激ホルモン
中葉
オキシトシン
バソプレシン
脳下垂体

5 フィードバック調節 【重要】

1 フィードバック
出力信号が入力側にもどって出力を制御・調節すること。ホルモンの場合，血中のホルモンの量によって，それを分泌した内分泌腺のホルモン分泌活動が調節される。

> **ココに注目!**
> 自分のしたことが自分に返ってくる。

2 フィードバック調節
ホルモンの分泌量やその結果であるからだの状態などは，フィードバックによって自動的に，一定の範囲に調節される。

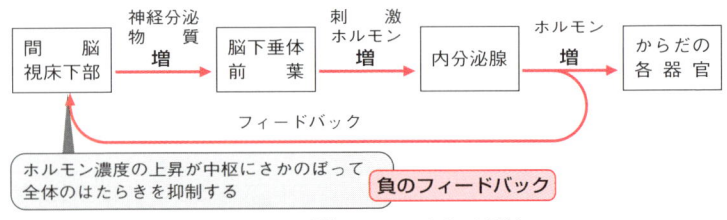

```
間脳      →神経分泌→  脳下垂体  →刺激ホル→  内分泌腺  →ホルモン→  からだの
視床下部    物質 増     前 葉     モン 増              増        各器官
   ↑                                   
   └──────────── フィードバック ────────────┘
```

ホルモン濃度の上昇が中枢にさかのぼって全体のはたらきを抑制する → **負のフィードバック**

▲ホルモン分泌のフィードバック調節

例 チロキシン分泌量の調節

[チロキシン濃度が低いとき]
① 間脳視床下部，脳下垂体が感知。
② 視床下部からの放出ホルモンの分泌量が増加。
③ 脳下垂体前葉の甲状腺刺激ホルモンの分泌量が増加。
④ チロキシンの分泌量が増加。

[チロキシン濃度が高いとき]
① 間脳視床下部，脳下垂体が感知。
② 放出ホルモンの量が減少。
③ 甲状腺刺激ホルモンの量が減少。
④ チロキシンの分泌量が減少。

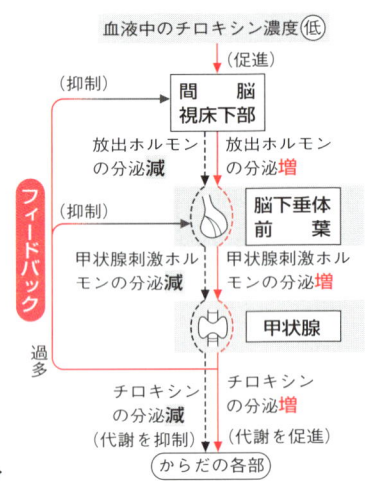

チロキシン分泌量の調節▶

血液中のチロキシン濃度 低
（促進）
→ 間脳視床下部
（抑制）← 放出ホルモンの分泌減 ／ 放出ホルモンの分泌増
→ 脳下垂体前葉
（抑制）← 甲状腺刺激ホルモンの分泌減 ／ 甲状腺刺激ホルモンの分泌増
→ 甲状腺
過多 ← チロキシンの分泌減（代謝を抑制）／ チロキシンの分泌増（代謝を促進）
→ からだの各部

フィードバック

要点
内分泌系の指令系統は階層構造の上から下へ。
フィードバックによって上にもどる。
⇒ 自動的に，**一定の範囲内**で調節される。

3章　個体の恒常性の維持

6 水分量の調節

1 体内の水分量が不足した場合　体液濃度が上昇➡間脳視床下部(調節中枢)➡脳下垂体後葉が**バソプレシン**を分泌➡腎臓の集合管における原尿からの水分の再吸収促進。

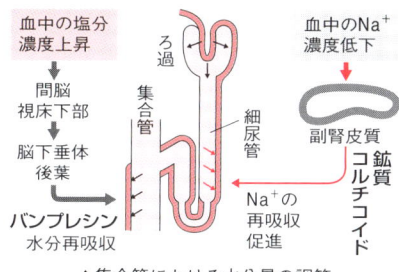

▲集合管における水分量の調節

2 体内の水分量が多すぎる場合　体液濃度が低下➡間脳視床下部➡バソプレシンの分泌抑制➡原尿からの水分の再吸収減少。

> **要点** [水分量の調節]
> 水分不足時　脳下垂体後葉➡**バソプレシン**➡集合管の再吸収増

7 ホルモンと受容体

1 標的器官と標的細胞　ホルモンは血液によって全身に運ばれ特定の器官(**標的器官**)に作用する。標的器官には、ホルモンの受容体をもった**標的細胞**が存在する。

2 ホルモンの受容体

a) **水溶性ホルモン**…受容体は**細胞膜上**に存在し、ホルモンが結合すると細胞内の**特定の物質を活性化**させ、細胞の活動を調節。

b) **脂溶性ホルモン**…受容体は**細胞質や核内に存在**し、ホルモンは細胞膜を通過して受容体に結合、特定の**遺伝子発現を調節**。
（リン脂質からなる。）
（促進する場合も抑制する場合もある。）

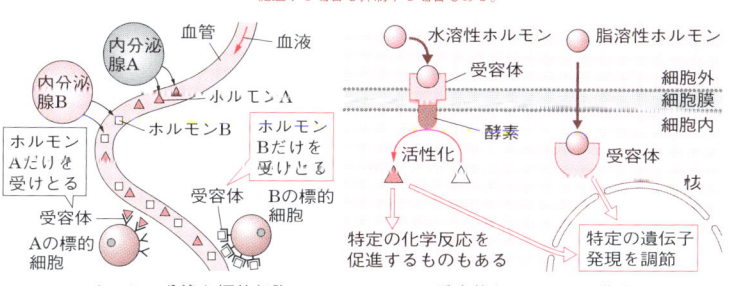

▲ホルモン分泌と標的細胞

▲受容体とホルモンの作用

20 ホルモンと自律神経による調節

1 ヒトの血糖量とその変化 重要

1｜血糖 血しょう中に含まれるグルコース(ブドウ糖)を<u>血糖</u>という。

> ココに注目！
> この値は覚えておこう。

ヒトでは血液 **100 mL 中に 100 mg(0.1%)** 前後で維持される。

2｜食後の血糖量(血糖濃度，血糖値)の変化 炭水化物は小腸で消化(分解)されてグルコースとなり吸収される。このため，食事後は血糖濃度が上昇する。これに伴い，血糖を減少させるホルモン(インスリン)の分泌は増加し，血糖を増加させるホルモン(グルカゴン)の分泌は減少する。

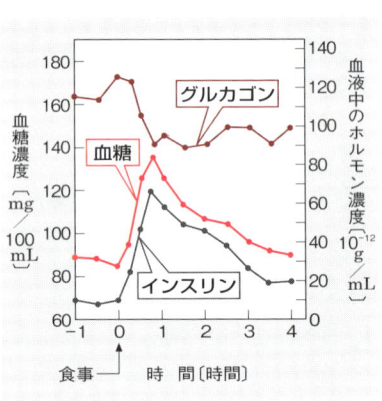

▶食後の血糖量とホルモン量の変化

3｜血糖量を変化させるホルモン

血糖量調節	ホルモン	内分泌腺
減少させる	インスリン	すい臓のランゲルハンス島の B 細胞
増加させる	グルカゴン	すい臓のランゲルハンス島の A 細胞
	アドレナリン	副腎髄質
	糖質コルチコイド	副腎皮質
	成長ホルモン	脳下垂体前葉

> ココに注目！
> 血糖量(濃度)を上げるホルモンはいくつもあるが下げるのはインスリンだけ。

要点
血糖量を<u>下げる</u>ホルモンは**インスリン**だけ。
血糖量を上げるホルモン ： **グルカゴン，アドレナリン，糖質コルチコイド**，成長ホルモン

2 血糖量調節 重要

血糖量の調節は，自律神経系と内分泌系が協同して行う。**高血糖のときには副交感神経，低血糖のときには交感神経がはたらく。**

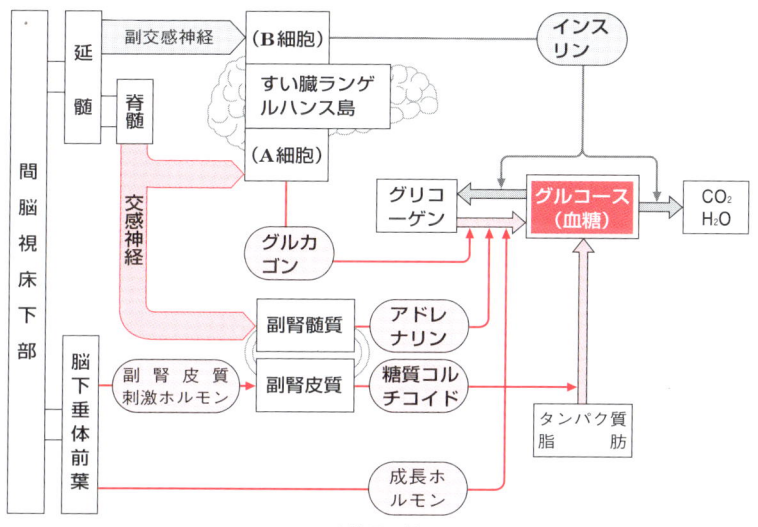

▲ヒトの血糖量調節のしくみ

[ホルモンの作用による血糖量変化]

a) グリコーゲンの分解（肝臓・筋肉）➡ グルコース生成により血糖量**増加**。

b) タンパク質の糖化 ➡ グルコース生成により血糖量増加。

> ココに注目！
> 血糖の減少は貯蔵と消費の両面から。

c) インスリンの作用…グリコーゲンの合成（肝臓）や呼吸での分解により血糖量**減少**。

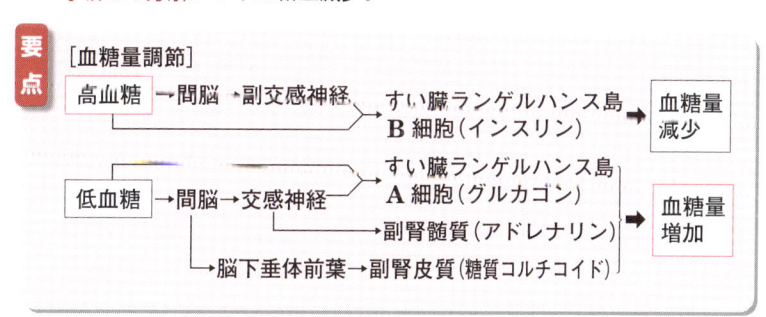

要点 [血糖量調節]

- 高血糖 → 間脳 → 副交感神経 → すい臓ランゲルハンス島 B細胞（インスリン）➡ 血糖量減少

- 低血糖 → 間脳 → 交感神経
  - → すい臓ランゲルハンス島 A細胞（グルカゴン）
  - → 副腎髄質（アドレナリン）
  - → 脳下垂体前葉 → 副腎皮質（糖質コルチコイド）

  ➡ 血糖量増加

3 体温調節

1 体温の感知 外部の暑寒によって血液の温度が変化したり,皮膚の感覚点(温点,冷点)で温度刺激を受容したりすると,間脳視床下部の体温調節中枢が感知して体温調節が行われる。
→温度の感覚中枢は大脳にある。

2 体温調節のしくみ 代謝による発熱量と,体表からの放熱量で調節。

a) **発熱量** アドレナリン,糖質コルチコイド,チロキシンによって増加。

- 肝臓…代謝に伴って熱が発生。
  →種々の化学反応 →p.56
- 筋肉…通常の収縮のほか,**ふるえ**によって熱が発生。
  →毛細血管の筋肉や立毛筋の収縮でもわずかに発熱する。
- 心臓…拍動数が増加すると発熱量が増す。

b) **放熱量** 交感神経によって**毛細血管の筋肉**や**立毛筋**が収縮すると減少。

- 体表の毛細血管…収縮すると体表の血流量が減少し,放熱量が減少。
  →血液は体内であたためられている。
- 立毛筋…収縮すると毛が立ち,放熱量が減少。
  →毛の間の空気が放熱を妨げる。
- 汗腺…発汗すると放熱量が増加。
  →蒸発熱による。

ココに注目! 発汗に対しては交感神経は促進(放熱量増加)にはたらく。

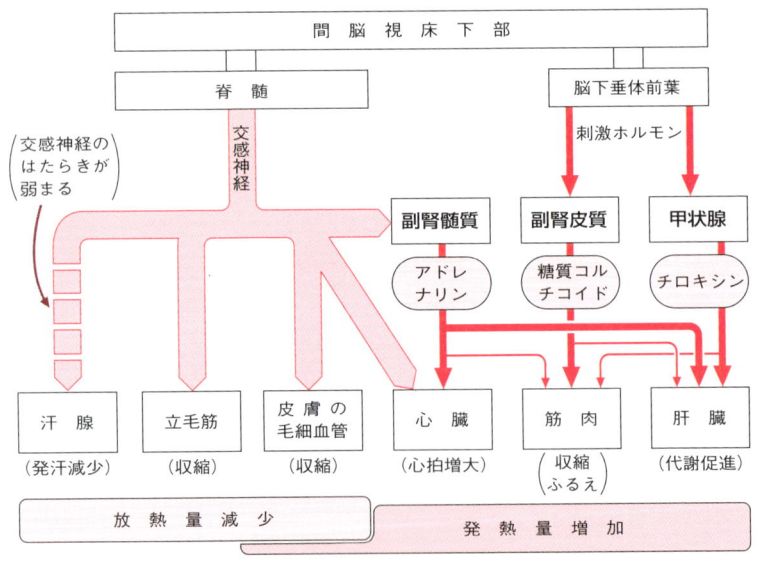

▲ヒトの体温調節のしくみ(寒冷時)

3章 個体の恒常性の維持

21 免 疫

1 生体防御 重要

1) 生体防御 病原体や有害物質などの異物(非自己の物質)の体内への侵入を阻止したり侵入した異物を排除したりするしくみ。

- 物理的防御・化学的防御…外界と接する皮膚などが侵入を阻止。
- 免疫…侵入した異物を識別して排除。

2) 免疫 リンパ球などがはたらいて侵入した異物を排除するしくみ。

a) **自然免疫**…白血球などが非特異的にはたらく,生まれつき備わった免疫(→ p.70)。

b) **獲得免疫**…リンパ球がはたらく,一度侵入した異物の情報を記憶して再び侵入した際に特異的に排除する免疫(→ p.70)。

- 体液性免疫…抗体が異物(抗原)に結合することで排除する。
- 細胞性免疫…リンパ球(キラーT細胞)が抗原を直接攻撃する。

> **要点**
> [生体防御]
> - 物理的防御・化学的防御…侵入を阻止。
> - **免疫**…侵入した異物を排除。
>   - **自然免疫**…非特異的。
>   - **獲得免疫**…特異的。**体液性免疫・細胞性免疫**

2 皮膚や粘膜による防御

1) 皮膚による防御

a) 物理的防御…表皮ではケラチン(タンパク質の一種。水分の蒸発も防ぐ。)を含んだ扁平な死細胞が隙間なく重なって**角質層**を形成。

ココに注目! ウイルスは生きた細胞にしか感染できない。

b) 化学的防御…汗などの分泌物 ➡ 弱酸性 で**リゾチーム**(細菌の細胞壁を分解する酵素の一種)を含む。

2) 粘膜 鼻や口,消化管,気管などの内壁

a) 化学的防御…胃液(酸)(塩酸),だ液・涙・鼻水(酵素)(リゾチーム)

b) 物理的防御…気管の細胞膜の繊毛など。(粘液とともに異物を送り出す)

▲皮膚のつくり
- 角質層(死細胞の層)
- 細胞の移動
- 基底層(細胞分裂)

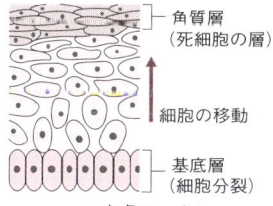

3 自然免疫

1 食作用 自然免疫で主となるはたらきで、異物を取り込んで消化する作用。異物が侵入した組織やリンパ節(p.49)で行われている。

2 食細胞 食作用を行う細胞。好中球、単球(白血球(p.45)の一種)、マクロファージ・樹状細胞などがある。

3 好中球 顆粒白血球の1つで、白血球のなかで数が最も多い。ほかに好酸球、好塩基球などがある。

4 マクロファージ・樹状細胞 食作用で分解した異物の情報をリンパ球に伝える。血中の単球が毛細血管から組織に出て分化したもの。

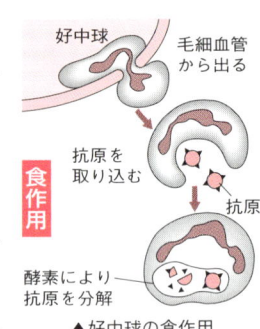

▲好中球の食作用（好中球／毛細血管から出る／抗原を取り込む／抗原／酵素により抗原を分解／食作用）

> **要点**
> **食作用**…体内に侵入した異物を取り込み消化。
> 食細胞…**好中球**・単球・**マクロファージ**・樹状細胞

4 体液性免疫

1 体液性免疫 抗体が関与する獲得免疫。

2 抗原 免疫系によって非自己と認識され排除される異物。

3 抗体 免疫グロブリンという**タンパク質**で、抗原に対して特異的に結合し(**抗原抗体反応**)無毒化する。

> **ココに注目!**
> 抗体はY字形をしていて2分子の抗原と結合する。

4 体液性免疫のしくみ
a) 樹状細胞やマクロファージが食作用で得た抗原の情報を**ヘルパーT細胞**に伝える(**抗原提示**)。
b) ヘルパーT細胞は活性化して増殖し、**B細胞**を活性化させる。
c) B細胞は増殖して**抗体産生細胞**(形質細胞ともいう。)に分化し、抗体を放出する。

> **要点**
> [体液性免疫]
> **樹状細胞**(食作用→抗原提示)➡**ヘルパーT細胞**(B細胞を活性化)➡**B細胞**(**抗体産生細胞**に分化→抗体放出)➡**抗原抗体反応**

5 細胞性免疫

1 細胞性免疫 抗体が関与しない獲得免疫。**キラーT細胞**が直接攻撃。

2 細胞性免疫では侵入した細菌のほか，ウイルスなどに感染した細胞，が
　　　　　　　　　　　　　　　　→他人の臓器を移植する際には免疫抑制が必要。
ん細胞，移植臓器の細胞が攻撃の対象になる。

3 ヘルパーT細胞はマクロファージの集合も促す。

> **要点** ［細胞性免疫］（ヘルパーT細胞の活性化まで体液性免疫と同じ）
> ➡ **キラーT細胞**が活性化，抗原（非自己の細胞）を直接攻撃。

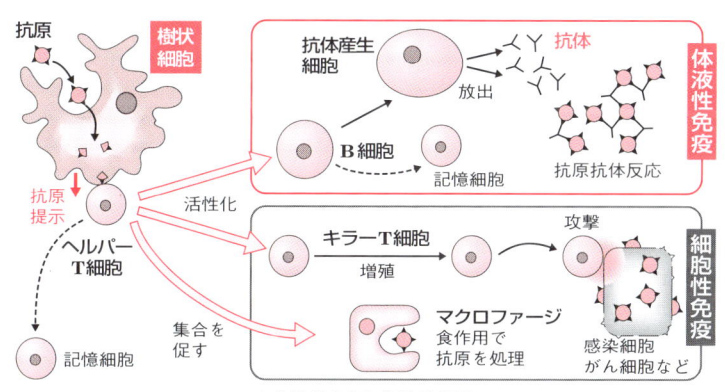

▲体液性免疫と細胞性免疫

6 獲得免疫の特徴と応用

1 **免疫記憶** 増殖したB細胞やT細胞の一部が**記憶細胞**（免疫記憶細胞ともいう）となって長期間残り，同じ抗原の再侵入に対し**1度目より速く強く反応**（**二次応答**）。

2 **予防接種** 弱毒化した抗原やその産物（**ワクチン**）を接種し人工的に免疫記憶を獲得する方法。例 インフルエンザワクチン，BCG ←結核のワクチン

3 **血清療法** 他の動物にあらかじめ抗体をつくらせ，その**抗体を多量に含む血清**を治療に用いる。例 ヘビ毒や破傷風の治療
→p.50

4 **アレルギー** 過敏な免疫反応により生体に害がおよぶ現象。原因となる抗原は**アレルゲン**という。例 花粉症，漆や食物による蕁麻疹

5 **自己免疫疾患（自己免疫病）** 自分自身の正常な成分を免疫反応が攻撃。
　　　　　　　　　　　　　　→関節が炎症や変形を起こす。　　　→インスリンの分泌細胞が攻撃される。
例 関節リュウマチ，重症筋無力症，Ⅰ型糖尿病

6 **エイズ（AIDS）** **HIV**（ヒト免疫不全ウイルス）がヘルパーT細胞に感染して**免疫機能が極端に低下**，**日和見感染**を起こしやすくなる。
　　　　　　　　　　　　　　　　　　　　→健康な人では通常感染しない病原体で発病する。

要点チェック

↓答えられたらマーク　　　　　　　　　　　　　　　　　　　わからなければ ⤵

- **1** 体内環境を一定の範囲に保つはたらきを何というか。　　　p. 44
- **2** 血液の液体成分を何というか。　　　p. 44
- **3** ヒトの血液に含まれる3種類の有形成分は何か。　　　p. 44
- **4** ヒトの体循環では血液は心臓のどこから出てどこへもどるか　　　p. 46
- **5** 脊椎動物では3つある血管の種類をそれぞれ何というか。　　　p. 48
- **6** 開放血管系になく閉鎖血管系にあるものは何か。　　　p. 48
- **7** 血管が傷ついたときにフィブリンと血球からできる塊は何か。　　　p. 50
- **8** ① 尿をつくる腎臓の構造上の単位を何というか。　　　p. 52
  　② 毛細血管とともに①を構成する2つの部分を答えよ。　　　p. 52
- **9** 海産硬骨魚の尿の量と濃さの特徴を答えよ。　　　p. 54
- **10** アンモニアからつくられ，尿の成分として排出される物質は？　　　p. 56
- **11** 自律神経系の2種類の神経は何と何か。　　　p. 60
- **12** 内分泌腺から血液中に分泌されて，特定の臓器のはたらきを調節する物質を何というか。　　　p. 62
- **13** 12が作用する特定の器官を何というか。　　　p. 62, 65
- **14** ① 脳にある内分泌系の中枢の名称を答えよ。　　　p. 63
  　② 甲状腺や副腎皮質への刺激ホルモンを出す内分泌腺は何か。　　　p. 63
- **15** 腎臓で水とナトリウムの再吸収を促進させるホルモンは何か。　　　p. 65
- **16** 血糖量を減少させるホルモンとその内分泌腺を答えよ。　　　p. 66
- **17** 血糖量を増加させるホルモン(4種類)とその内分泌腺は何か。　　　p. 66
- **18** 抗原に対し体内でつくられるタンパク質は何か。（漢字2字）　　　p. 70
- **19** 18が関与する免疫と関与しない免疫，それぞれの名称は何か。　　　p. 70

答

1 恒常性(ホメオスタシス)，**2** 血しょう，**3** 赤血球，白血球，血小板，**4** 左心室から出て右心房へもどる，**5** 動脈，毛細血管，静脈，**6** 毛細血管，**7** 血ぺい，**8** ①腎単位(ネフロン)，②腎小体と細尿管，**9** 少量，体液と等濃度，**10** 尿素，**11** 交感神経と副交感神経，**12** ホルモン，**13** 標的器官，**14** ①間脳視床下部，②脳下垂体前葉，**15** 水…バソプレシン，ナトリウム…鉱質コルチコイド，**16** インスリン：すい臓のランゲルハンス島，**17** グルカゴン：すい臓のランゲルハンス島，アドレナリン：副腎髄質，糖質コルチコイド：副腎皮質，成長ホルモン：脳下垂体前葉，**18** 抗体，**19** 関与…体液性免疫，関与しない…細胞性免疫

3章 練習問題

解答 → p.106

1 体液に関する次の文を読み，問いに答えよ。

 体外環境が変化しても生物がからだの状態を一定の状態に保とうとする性質をⓐ(　　　)という。体液は，ⓑ(　　　)環境としてはたらいている。体液は，その組成や場所によって次のように区別される。

体液 ┌ 細胞内液(**ア**)
　　 │　　　　　┌ 血　液(**イ**)…血しょう(**ウ**)，血球 ┌ 赤血球(**エ**)
　　 └ 細胞外液 ┤ リンパ液(**キ**)　　　　　　　　　　　 ┤ 白血球(**オ**)
　　　　　　　 └ 組織液(**ク**)　　　　　　　　　　　　 └ 血小板(**カ**)

 血液は血管内にある体液，リンパ液はⓒ(　　　)内にある体液，組織液は組織にあり細胞を直接浸している体液である。

(1) 文中の空欄に最も適切な語句を記せ。
(2) 次の①～⑦に最も関係の深い体液やその成分(**ア～ク**)を1つずつ選び，記号で答えよ。
　① 酸素の運搬　　　② 二酸化炭素の運搬
　③ 脂肪の運搬　　　④ 酸素などの物質を細胞に直接供給する。
　⑤ $1mm^3$中に450～500万個ある。
　⑥ 食作用により異物を処理する。
　⑦ 血液凝固のきっかけとなる。

2 ヒトの血液の循環系を示した次の模式図を見て，以下の問いに答えよ。

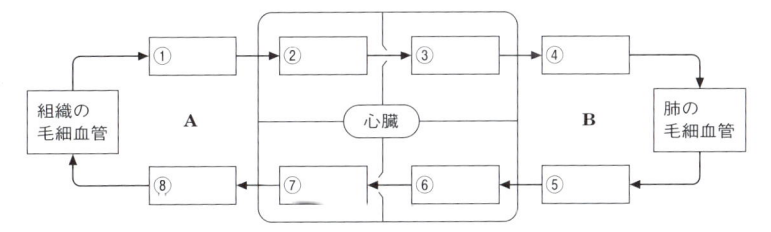

(1) 図の①～⑧にはいる名称を記せ(①④⑤⑧は心臓に接続する血管)。
(2) 図の**A**と**B**はそれぞれ何循環とよばれているか。
(3) ①～⑧で酸素ヘモグロビンの量が最も多い血液の流れる部分を答えよ。
(4) ①の血管には弁が見られる。どのようなはたらきをしているか。
(5) 心臓壁が最も厚い部分は②③⑥⑦のうちどこか。

73

2編 生物の体内環境の維持

3 水生動物の体液の塩分濃度調節について、次の各問いに答えよ。
(1) 環境の塩分濃度が上昇したときに、①体内の塩分濃度も同様に上昇するカニと、②体内の塩分濃度がほとんど変化しないカニとでは、どちらが濃度調節の機能を発達させているといえるか。番号で答えよ。
(2) 海水魚と淡水魚の尿の塩分濃度は、それぞれ体液に対してどのような濃さか。
(3) 淡水魚が能動的に塩類を取り込む器官を3つ答えよ。

4 腎臓の構造とはたらきについて、図を見て以下の問いに答えよ。
(1) 図の①～⑦の名称を記せ。
(2) 血しょうから原尿が形成される過程を何というか。また、それは図のどことどこの間で起こるか、番号で答えよ。
(3) 原尿が④を通過するときに必要な物質を再び血管内に取り入れるはたらきを何というか。
(4) 血しょう中のおもな物質の1つで、原尿にも尿にも含まれない物質は何か。
(5) 血しょうと原尿に含まれるが、尿には含まれない物質は何か。
(6) 尿の量を減らすはたらきをするホルモンの名称と、それを分泌する器官の名称を記せ。

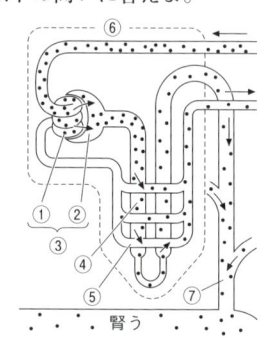

5 次に示す①～⑤のホルモンについて、分泌する内分泌腺名を答え、該当するはたらきをア～カから選べ。
① バソプレシン　② アドレナリン　③ グルカゴン
④ インスリン　⑤ 副腎皮質刺激ホルモン

ア 血糖量の減少
イ 代謝の促進、両生類での変態促進
ウ 血糖量の増加
エ 糖質コルチコイドの分泌促進
オ 体内の塩類量の調節
カ 血管収縮による血圧上昇と尿量減少

HINT **4** (4) ボーマンのうでろ過されない物質。
(5) ボーマンのうでろ過されるが、細尿管ですべて毛細血管にもどされる物質。
(6) 集合管での血管への水の取り込みを促進する抗利尿ホルモンがあてはまる。

6 自律神経についてまとめた下表の空欄にはいる語句を答えよ。

神経名	はたらく状態	末端の伝達物質	心臓の拍動に対する作用	消化器官に対する作用
①	活動・興奮状態	②	③	④
⑤	睡眠・安静状態	⑥	⑦	⑧

7 次の図は，血糖量の調節に関係している器官，組織，神経系，ホルモンの相互関係を表したものである。空欄に最も適当な器官名または組織名〔①～⑥〕，神経系名〔⑦，⑧〕，ホルモン名〔⑨～⑪〕を下記の語群より選べ。

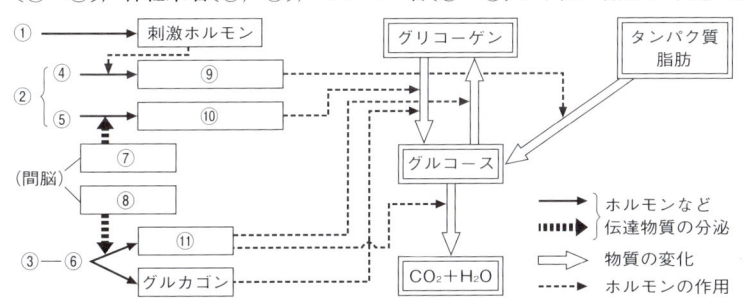

〔語群〕ア 脳下垂体前葉　イ 脳下垂体後葉　ウ 肝臓　エ すい臓
オ 副腎　カ 皮質　キ 髄質　ク ランゲルハンス島
ケ アドレナリン　コ インスリン　サ 交感神経　シ 感覚神経
ス 運動神経　セ 副交感神経(迷走神経)　ソ 糖質コルチコイド
タ 鉱質コルチコイド

8 免疫について，次の(1)～(6)に最も関係の深い語句を語群から選べ。
〔語群〕白血球，赤血球，血小板，T細胞，B細胞，樹状細胞，
　　　アレルギー，抗体，抗原，細胞性免疫，体液性免疫
(1) 異物をとらえて，その情報をほかの細胞に提示する。
(2) 異物の情報を受け取って，抗体をつくる細胞になる。
(3) 免疫グロブリンとよばれるタンパク質である。
(4) 過剰な免疫反応により，発疹や粘膜からの過剰な粘液の分泌が起こる。
(5) おもに抗体による反応によって異物を排除する。
(6) T細胞が，がん細胞や他個体から移植された組織を直接攻撃する。

HINT **7** 血糖量を減少させるホルモンは⑪。ほかはすべて血糖量増加にはたらく。

3編 生物の多様性と生態系

22 植生と生態系

1 生態系と植生

1) 生態系 そこにすむ**生物**と**非生物的環境**(光・温度・水・大気・土壌など)を1つのまとまりとしてとらえたもの(→ p.86)。

2) 生活形 環境に適応した生物の生活様式と形態。
例 常緑針葉樹,1年生草本,つる植物

> ココに注目!
> 植生は相観によっても分類することができ,相観は植物の生活形によって決まる。

3) 植生 ある場所に生育する植物全体。

4) バイオーム(生物群系) ある地域に生息する生物の集団全体。植生によって区分される(→ p.82)。

5) 相観 植生の外観。生育する植物の生活形によって決まる。
　　　　　　　　　　　→最も高く,広くその場をおおっている植物

> **要点** 相観…**植生**の外観。植物の**生活形**によって決まる(環境を反映)。

2 さまざまな植生

1) 気候と植生

年間の降水量が多い地域の植生➡**森林**,降水量が少ない地域の植生➡**草原**,降水量が非常に少ない地域の植生➡**荒原** となることが多い。

2) 森林 樹木が密に生えた植生。内部は湿度や照度の変化が大きく,**階層構造**が見られる(上から**高木層・亜高木層・低木層・草本層・地表層**)。
　　　　→コケ類や菌類が見られる。

a) **林冠**…森林の最上部で葉が展開している部分。

b) **林床**(りんしょう)…森林の地表付近。光が最も少ない。

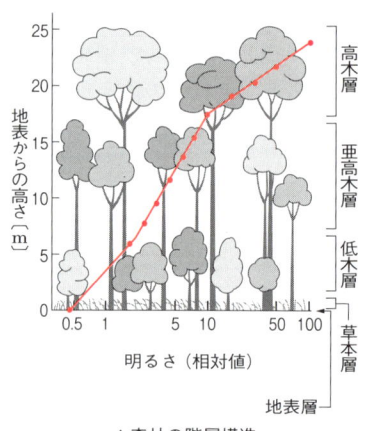

▲森林の階層構造

4章 植生とその移り変わり

要点
[森林の階層構造]
　　↓**林冠**(照度最大・乾燥)　　　↓**林床**(弱光・湿潤)
　高木層・亜高木層・低木層・草本層・地表層

3 草原　おもに草本植物からなる。年降水量が比較的少ない地域に発達。
　　　　　　　└→樹木もまばらに見られる。
　サバンナ，ステップなど(→ p.83)

4 荒原　乾燥した地域や寒冷地など，植物の生育に厳しい環境に適応した草本植物がまばらに見られる。砂漠・ツンドラ(→ p.83)

要点
[年降水量と植生]
　多い➡森林　　少ない➡草原　　非常に少ない➡荒原

3 植生と土壌

1 **土壌**　風化した岩石の細かい粒と生物の遺骸に由来する有機物(**腐植**)
　　　　　　　　　　　　　　　　　　　　　　　└→落葉・落枝など
が混じりあってできたもの。特に森林で発
　　　大形の植物が生育し落葉などの供給が多い。←┘
達し，層状構造が見られる。

2 森林の土壌の構造　上から**落葉分解層**・
　　　　　　　　　　　　　　　風化前の岩石←┐
腐植土層・**風化した岩石の層**・**母岩の層**。

3 **団粒構造**　土壌は粒状にまとまりやすく，
発達した土壌は保水性と通気性をもち，植物の生育に重要な環境要因の１つ。

ココに注目！
土壌は生物の存在とはたらきによって形成され，生物の生活に適した環境をつくる。

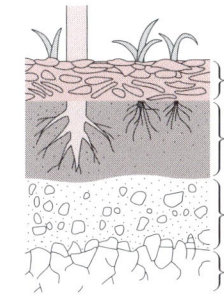

▲土壌の構造

落葉分解層
腐植土層
岩石が風化した層
母岩(母材)

4 **土壌の発達と気候**
　気温の高い地域では落葉などの供給速度が大きいが，地表動物や微生物による落葉や有機物の分
　└→CO_2とH_2Oに分解
解速度も大きく，落葉分解層・腐植土層が薄い。

ココに注目！
土壌は熱帯では層が薄く，温帯のほうが発達している。

要点
土壌…岩石の**風化物**と生物由来の**有機物**からなる。森林で発達。
　　　　上が落葉の層・下が母岩の層。

23 植物の成長と光

1 光の強さと光合成速度 【重要】

1 光-光合成曲線 二酸化炭素濃度一定の条件下で，植物に当てる光の強さと二酸化炭素吸収量との関係をグラフにしたもの。

2 光合成速度 一定時間あたりの光合成の量(二酸化炭素吸収量，または酸素排出量で表す)。

二酸化炭素の吸収← →二酸化炭素の排出

3 見かけの光合成速度 植物は光合成と同時に呼吸も行う。通常，測定する一定時間あたりの二酸化炭素吸収速度(見かけの光合成速度)は，光合成速度から呼吸速度を引いたものである。

ココに注目！
光が弱ければ見かけの光合成速度はマイナスになる。

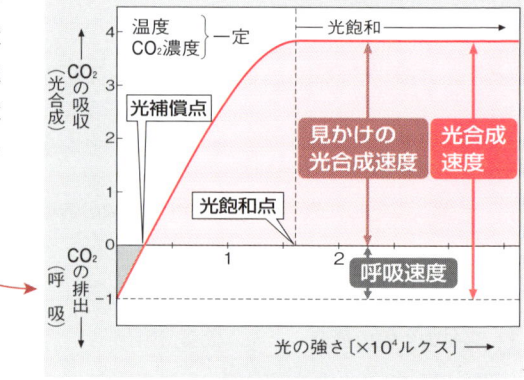

▲光-光合成曲線

4 光補償点 見かけ上二酸化炭素の出入りがなくなり，**見かけの光合成速度が0となる**光の強さ。光補償点以下では，植物は生育できない。

　　光合成による CO_2 吸収量＝呼吸による CO_2 排出量

5 光飽和点 それ以下では光の強さによって光合成速度が変動するが，それ以上は光を強くしても光合成速度が増加しない光の強さ。

6 光補償点が低い植物ほど弱い光でも生育でき，光飽和での見かけの光合成速度が大きい植物ほど強い光条件で速く成長できる。

> **要点**
> 光合成速度＝見かけの光合成速度＋呼吸速度
> 光の強さが
> ・光補償点以下…光合成速度＜呼吸速度 ┐
> ・光補償点………光合成速度＝呼吸速度 ┘生育できない。
> ・光補償点以上…光合成速度＞呼吸速度

2 陽生植物と陰生植物 　重要

1| 陽生植物　日のよく当たる場所での生育に適している植物。日陰では生育できない。ススキ，アカマツ，コナラなど

2| 陰生植物　光の弱い場所でも生育ができる植物。アオキ，ベニシダ，ミヤマカタバミなど

ココに注目！
光が弱ければ光補償点の低い陰生植物が生存に利。

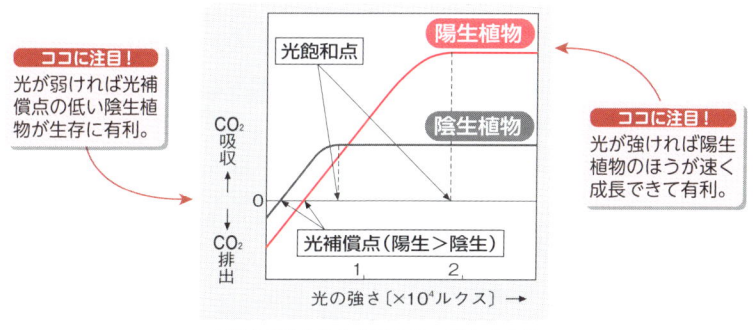

ココに注目！
光が強ければ陽生植物のほうが速く成長できて有利。

▲陽生植物と陰生植物の光－光合成曲線

	呼吸速度	光補償点	光飽和点	強光下での光合成速度
陽生植物	大	高い	高い	**大きい**
陰生植物	小	**低い**	低い	小さい

→弱い光でも生育できる。

3| 陽葉と陰葉　樹木の場合，1本の木でも日当たりのよい場所の葉(**陽葉**)と日陰の葉(**陰葉**)とで，形態や光合成速度などにちがいがある。

- 陽葉…**小形だが厚い**(柵状組織が発達)。光補償点・光飽和点が高い(陽生植物型の光合成)。
- 陰葉…**大形で薄い**。光補償点・光飽和点が低い(陰生植物型の光合成)。

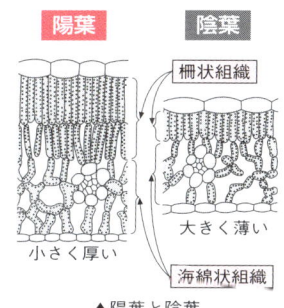

▲陽葉と陰葉

要点
陽生植物(陽葉)…光補償点・光飽和点とも**高い**。
陰生植物(陰葉)…光補償点・光飽和点とも**低い**。

24 植生の遷移

1 植生の遷移

1) **遷移**(植生遷移) 時間に伴う一定の方向性をもった植生の変化。
2) **乾性遷移** 陸上で始まる遷移。湖沼などから始まり陸地化していく遷移を**湿性遷移**という。
3) **一次遷移** 土壌や生物のない裸地から始まる遷移。 →溶岩流跡，火山新島など
4) **二次遷移** 山火事跡や森林の伐採跡などから始まる遷移。
5) **先駆植物**(パイオニア植物) 遷移の初期段階でその土地に進入する植物。乾燥に強く，風により種子が遠くから運ばれてくるものが多い。

2 一次遷移(乾性遷移) 重要

1) 日本に見られる一次遷移の流れ
   a) **裸地・荒原**…土壌のない状態から岩石の風化が進み，植物などが進入。(イタドリ，地衣類，コケ植物)
   b) **草原**…草本植物におおわれる。土壌の形成が進む。
   c) **低木林**…草原の中に**先駆樹種**の低木が進入。(ヤシャブシ，アカマツ)

   > ココに注目！
   > 先駆樹種は小さい種子で遠くから進入でき，日なたでの成長が速い陽樹。

   d) **陽樹林**…陽樹が成長し，森林を形成。(アカマツ，コナラ)
   e) **混交林**…暗い林床で陽樹の芽生えが育ちにくく，かわって**光補償点の小さい陰樹**(シイ，カシ)が成長し，陽樹と陰樹の混ざった森林になる。
   f) **陰樹林**(極相)…陽樹が枯れ，陰樹どうしでの世代交代が安定して続く。

2) **極相**(クライマックス) 安定した植生となり遷移が終わった状態。

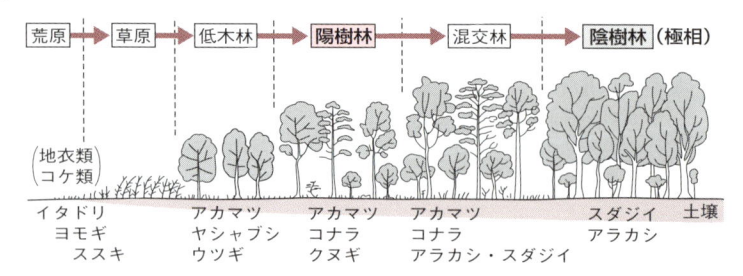

荒原 →	草原 →	低木林 →	**陽樹林** →	混交林 →	**陰樹林**(極相)
地衣類/コケ類					
イタドリ ヨモギ ススキ		アカマツ ヤシャブシ ウツギ	アカマツ コナラ クヌギ	アカマツ コナラ アラカシ・スダジイ	スダジイ アラカシ 土壌

3 ギャップ更新　倒木などで林床に光が届くようになった場所を**ギャップ**といい，陰樹林の中でも部分的に陽樹が成長するなどの樹木の入れ替わり（更新）が見られる。

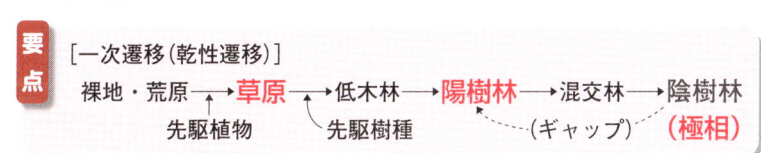

日なたでは陽樹のほうが成長が速い。

> **要点** ［一次遷移（乾性遷移）］
> 裸地・荒原 → **草原** → 低木林 → **陽樹林** → 混交林 → 陰樹林
> 　　　　　　先駆植物　　先駆樹種　　　　（ギャップ）　**（極相）**

3 二次遷移

1 森林の伐採跡や山火事跡には土壌や植物体の一部が残っており，一次遷移より進行の速い**二次遷移**が起こる。

種子，根，地下茎など

2 二次林　二次遷移の途上に成立する陽樹林。小規模な伐採がくり返されると遷移が進まず陽樹林が維持される。

> **ココに注目！**
> 里山（p.97）の雑木林は伐採や採取によって二次林が維持されている状態。

> **要点** ［二次遷移］
> （陰樹林）→ 山火事・伐採など → 陽樹林 → 混交林 → 陰樹林
> **一次遷移より進行が速い。**

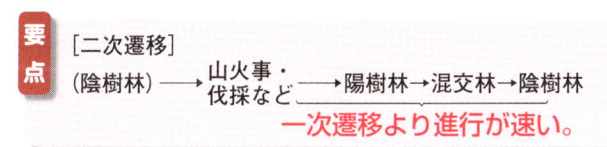

4 湿性遷移

1 湿性遷移　湖沼などから始まり陸地化していく遷移。最終的には陰樹林が極相となる。

一次遷移の1つ。

> **ココに注目！**
> 草原以降は乾性遷移と同じ。

2 湿性遷移の進行　植物の遺骸や土砂が堆積し乾燥化によって陸地化。

湖沼 → 湿原 → 草原 → 低木林 → 陽樹林 → 混交林 → 陰樹林

5 遷移初期と後期のちがい

	地表の光	地表の水分	土壌	栄養塩類	階層構造	植物火
遷移初期	強い	乾燥	未発達	少ない	単純	低い
遷移後期	弱い	湿潤	発達	多い	発達	高い

遷移と生物の多様性…裸地から遷移が進むにつれて生息する生物の種数は増えるが，遷移後期には森林内が暗くなり生態系が単純化していく。

25 気候とバイオーム

1 バイオーム

1】バイオーム（生物群系） その地域にすむ生物のまとまり。植生の相観によって分類され、その場所の気候によって決まる。

2】気候条件とバイオーム 年間の降水量が多いと森林に、少ないと草原、極めて少ないと荒原となる。降水量が十分に多い地域で比較すると、気温の高い順に、**熱帯多雨林・亜熱帯多雨林・照葉樹林・夏緑樹林・針葉樹林**が見られる。（→年降水量が1000mm以上）

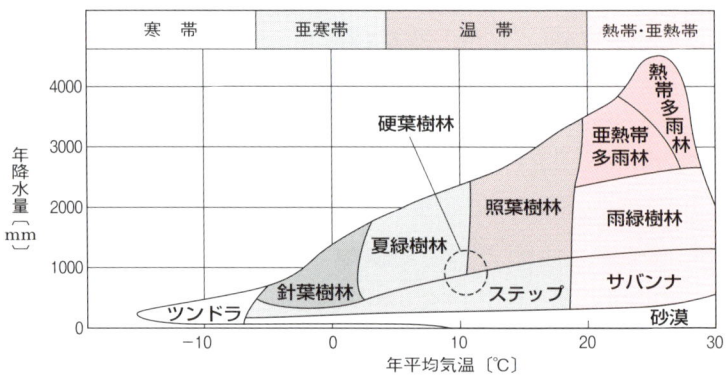

▲気温・降水量とバイオーム

2 世界のバイオームとその分布 **重要**

[森林]

1】熱帯多雨林・亜熱帯多雨林 高木層が高い（→30〜40mに達する）。**階層構造が発達**。常緑広葉樹からなる。森林を構成する植物をはじめ生物の**種類が非常に多い**。
（フタバガキ、つる植物、着生植物）

 a) **マングローブ林**…熱帯や亜熱帯の河口に見られる、ヒルギ類からなる特殊な林。気根を水の上にのばす。（オヒルギ、メヒルギ、ヤエヤマヒルギなど）

 b) **つる植物・着生植物**…光が届く高い場所を効率よく確保するため、熱帯多雨林や亜熱帯多雨林でよく見られる。

2】雨緑樹林 熱帯・亜熱帯で雨季と乾季のある地域に分布。**乾季に落葉**。（チーク）（→家具材に用いられる。）

> **ココに注目！**
> 雨季に葉を広げて緑だから「雨緑」樹林。

4章 植生とその移り変わり

3] 照葉樹林　暖温帯に分布。葉の表面にクチクラ層が発達して光沢のある常緑広葉樹からなる。(シイ，カシ，タブノキ)
→温帯のなかでも年平均気温が比較的高い地域。
→厚くて長もちする葉

ココに注目！ 光沢のある葉だから「照葉」樹林。

4] 硬葉樹林　夏に乾燥・冬に雨が降る温帯の地域に分布。乾燥に適応した常緑樹からなる。(コルクガシ，オリーブ，ユーカリ)
→地中海性気候
→樹皮がコルクに用いられる。

ココに注目！ 夏に緑色の葉を広げるから「夏緑」樹林。

5] 夏緑樹林　冷温帯に分布。秋に紅葉・冬に落葉する落葉広葉樹からなる。(ブナ，ミズナラ，カエデ)

6] 針葉樹林　亜寒帯に分布。森林の構成種が少ない。(モミ，トウヒ類，カラマツ類)
→常緑針葉樹
→落葉針葉樹

要点 [降水が十分にある地域のバイオーム]…森林

⇐気温高　　　　　　　　　　　　　　　　　　　気温低⇒

熱帯	亜熱帯	暖温帯	冷温帯	亜寒帯
熱帯多雨林	亜熱帯多雨林	照葉樹林	夏緑樹林	針葉樹林
雨緑樹林		硬葉樹林		⇑雨量多

[草原]

7] サバンナ　熱帯・亜熱帯に分布。イネ科の草本のほか木本も点在。
→アカシアなど

8] ステップ　温帯の内陸部に分布。草本のみ。

[荒原]

9] 砂漠　降水量が極端に少ない地域に分布。(サボテンなどの多肉植物，1年生草本)
→年降水量が200mm未満
→種子で乾燥に耐え，降雨の後に発芽・成長。

10] ツンドラ　寒帯に分布。微生物による有機物の分解が進まず土壌が未発達。(地衣類，コケ類，イワヒゲ，コケモモ)
→平均気温が－5℃以下。地下には永久凍土。

要点 [降水が少ない地域のバイオーム]
草原…**サバンナ**(熱帯)，**ステップ**(温帯)
荒原…**砂漠**(乾燥)，**ツンドラ**(寒冷)

11] バイオームには陸上バイオームのほか，海洋や河川などの**水界バイオーム**もある。
水界生態系(p.87)

3 日本のバイオーム

1) 日本は全域で降水量が豊富なため、どこでも極相の相観は**森林**になる。気温によって異なるバイオームが分布する。

2) **水平分布** 緯度にそった気温の変化によるバイオームの分布。

3) **垂直分布** 標高のちがいに伴う気温の変化によるバイオームの分布。

4 水平分布　重要

1) **亜熱帯** 沖縄～九州南端、小笠原諸島。**亜熱帯多雨林**が分布。
（アコウ、ガジュマル、ビロウ、ソテツ、ヘゴ〔木生シダ類〕、**マングローブ林**〔ヒルギ類〕）

2) **暖温帯** 関東までの本州南西部・四国・九州。**照葉樹林**が分布。
（スダジイ、アラカシ、クスノキ、タブノキ）

3) **冷温帯** 中部地方の山地・東北地方・北海道南部。**夏緑樹林**が分布。
（**ブナ**、ミズナラ、カエデ、カタクリ〔春、樹木が葉を出す前に花や葉を広げる草本。〕）

4) **亜寒帯** 北海道北部・本州亜高山帯。**針葉樹林**が分布。（トドマツ、エゾマツ）

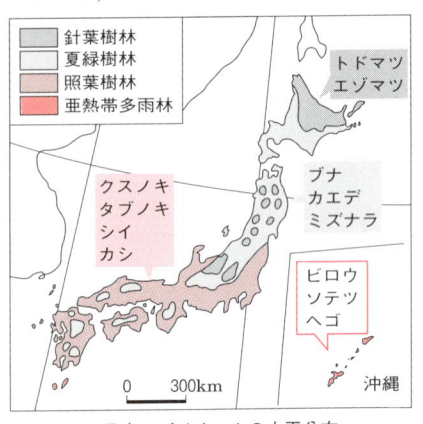

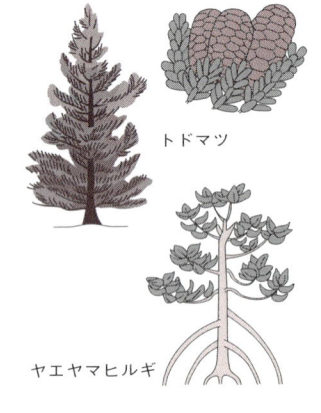

▲日本のバイオームの水平分布

要点　[日本のバイオームの水平分布]
南から　**亜熱帯多雨林 ・ 照葉樹林 ・ 夏緑樹林 ・ 針葉樹林**
　　　（亜熱帯）　（暖温帯）　（冷温帯）　（亜寒帯）

5 垂直分布 重要 （標高は本州中部の場合）

1 高山帯　海抜2500m（森林限界）以上。
低木や草本の高山植物が分布し，夏には**お花畑**が見られる。（**ハイマツ**，コケモモ，コマクサ）

> ココに注目！
> 低温と強風で森林は形成できない。

※低木。地を「這う」マツ

2 亜高山帯　海抜2500mまで。
針葉樹林（シラビソ，オオシラビソ，コメツガ）が分布し，落葉広葉樹の**ダケカンバ**なども見られる。

3 山地帯　海抜1700mまで。
夏緑樹林が分布。（ブナ，ミズナラ）

4 丘陵帯（低地帯）　海抜700mまで。
照葉樹林が分布。（シイ類，クスノキ）

> ココに注目！
> 境界の標高は北側が低くなる。

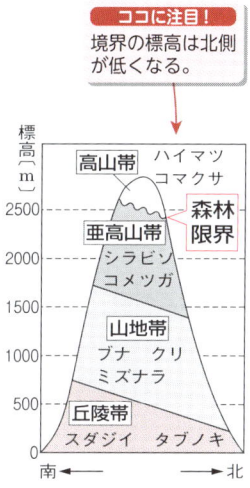

▲日本の垂直分布

要点
[日本のバイオームの垂直分布]　本州中部の場合
下から　**丘陵帯・山地帯・亜高山帯・高山帯**
　　　照葉樹林　夏緑樹林　針葉樹林　高山植物

5 日本のバイオームの水平分布と垂直分布

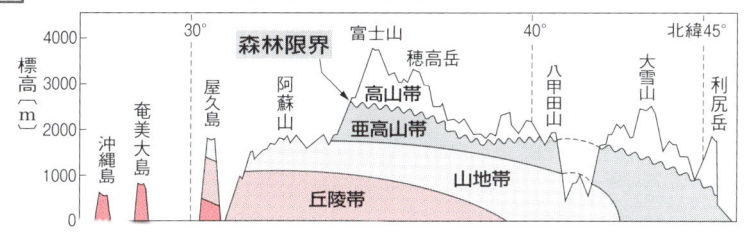

6 バイオームと動物

熱帯・亜熱帯多雨林…非常に多種の昆虫・両生類・ハ虫類
サバンナ…植物食性哺乳類およびその捕食者
ステップ…バッタ類，穴を掘って生活する哺乳類
砂漠…おもに夜行性の昆虫・ハ虫類，**ツンドラ**…トナカイなどの大形哺乳類

26 生態系の構造と食物連鎖

1 生態系の構造 【重要】

1| 生態系 生物と非生物的環境を1つのまとまりとしてとらえたもの。

2| 作用と環境形成作用

a) **作用**…生物が非生物的環境から受ける影響。
   └→反作用ともいう。

   > ココに注目！
   > 「作用」は非生物的環境から生物への一方向だけ！

b) **環境形成作用**…生物の活動が非生物的環境に及ぼす影響。

c) 相互作用…被食・捕食などの生物間のはたらきあい。

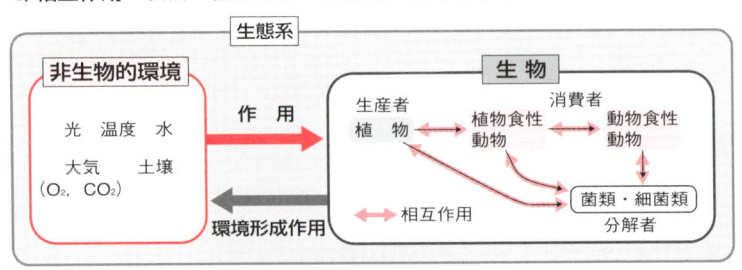

```
                    ┌─────────── 生態系 ───────────┐
┌─非生物的環境─┐                    ┌──── 生物 ────┐
│  光 温度 水  │      作 用         │ 生産者   消費者        │
│  大気  土壌  │ ──────────→      │ 植物 ↔ 植物食性 ↔ 動物食性 │
│ (O₂, CO₂)   │ ←──────────      │         動物    動物      │
└─────────────┘    環境形成作用      │        ↕    ↕          │
                                    │      菌類・細菌類       │
                       ↔ 相互作用    │         分解者          │
                                    └──────────────────────┘
```

▲生態系の構造

2 生態系における生物の役割 【重要】

1| 生産者…無機物から有機物を合成する。光合成を行う植物など。

2| 消費者…生産者がつくった有機物を直接または間接的に取り込み利用する。動物や多くの菌類・細菌類。
   （植物を食べた動物を食べる）

a) **一次消費者**…植物食性の動物。

b) **二次消費者**…植物食性動物を食べる動物食性動物。

c) **高次消費者**…三次（二次消費者を食べる）以降の動物食性動物。

3| 分解者…有機物を無機物に分解する。菌類・細菌類など。

4| 生産者は独立栄養生物、消費者・分解者は従属栄養生物とよばれる。

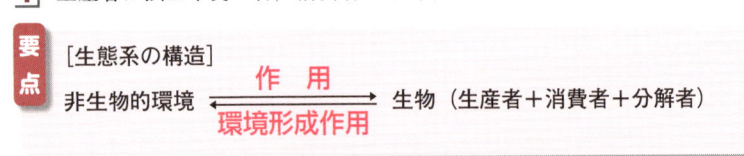

> **要点** [生態系の構造]
>
> 非生物的環境 ⇌(作用/環境形成作用) 生物（生産者＋消費者＋分解者）

4章 植生とその移り変わり

3 食物連鎖と食物網 重要

1| **食物連鎖** 被食者と捕食者の関係が一連の鎖のようにつながったもの。

2| **食物網** 実際には1種類の生物はその捕食者も被食者も複数の生物が存在し、食物連鎖は複雑な網状になるため、この関係の全体を**食物網**とよぶ。

3| **腐食連鎖** 生物の遺骸などから始まる食物連鎖。生産者がつくる有機物の90%以上は落葉・落枝・遺骸などになるため、生態系の物質循環において非常に重要。 →p.90

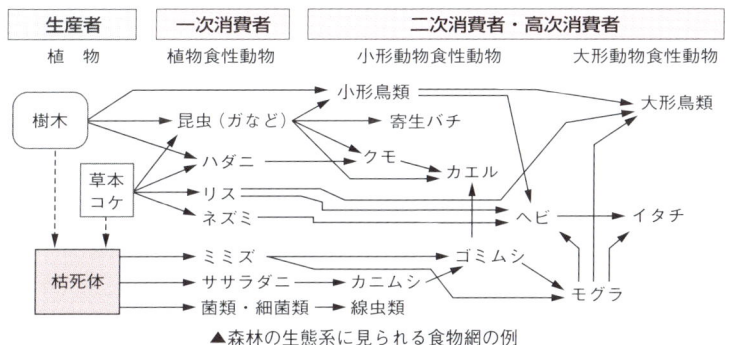

> ココに注目！
> 複雑で多様な関係にあるほど生態系は安定的に保たれることが多い。

生産者	一次消費者	二次消費者・高次消費者
植物	植物食性動物	小形動物食性動物　　大形動物食性動物

▲森林の生態系に見られる食物網の例

> **要点**
> **食物連鎖**…生産者→一次消費者→二次消費者→…のつながり
> **食物網**…食物連鎖が網状につながり合った複雑な関係

4 水界生態系

1| **補償深度** 光合成を行う生物が生育できる下限の深さ。太陽から届く光が弱まり、呼吸量と光合成量が等しい。水面から補償深度までを**生産層**という。 →※補償点(p.78)

> ココに注目！
> 水が濁ると補償深度は浅くなる。

2| **水界の生物** →自力で移動できない
- プランクトン（浮遊生物）　例 クラゲ
- ネクトン（遊泳生物）　例 魚類、イカ
- ベントス（底生生物）　例 カニ

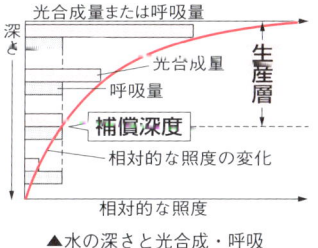

▲水の深さと光合成・呼吸

3 | 湖沼の生態系　水生植物や植物プランクトン（←光合成を行うプランクトン）から始まる食物網が成立。
生産者…水生植物（抽水植物〈ガマ，アシなど〉，浮葉植物，沈水植物〈クロモ，エビモなど〉），植物プランクトン
　　　　　　　　　　　　　　　　　　　　　　　↳ヒシ，ヒツジグサなど
消費者…動物プランクトン，魚類，水生無脊椎動物など
分解者…水中や湖底の土壌に生息する菌類・細菌類

4 | 海洋の生態系　植物プランクトンから始まる食物網が形成される。

5 | サンゴ礁の生態系　サンゴの細胞に共生する藻類が光合成を行う。

6 | 深海の生態系　熱水噴出孔からの熱水に含まれる硫化水素から化学合成（無機物の酸化でエネルギーを得て CO_2 から有機物を合成する。）を行う細菌類が生産者。海面付近からの沈降物による有機物の供給もある。
↳化学合成細菌という。

> **要点** ［水界の生態系］
> 植物プランクトンが生産者として重要。

5 生態ピラミッド 【重要】

1 | 栄養段階　食物連鎖のどの順番に属すかで生物を分けたもの。

2 | 生態ピラミッド　各栄養段階の生物の値を順に積み重ねたもの。
　a) 個体数ピラミッド…個体数について示したもの。
　b) 生物量ピラミッド…生物量について示したもの。　←【ココに注目！】生物量は一定面積に存在する生物体の乾燥重量などで表す。
　c) 生産力ピラミッド…単位時間あたりに出入りするエネルギー量について示したもの。

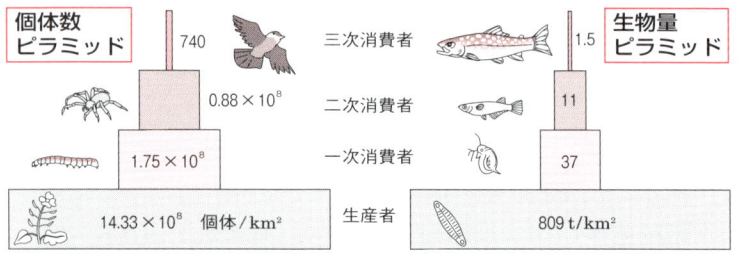

個体数ピラミッド
- 三次消費者：740
- 二次消費者：0.88×10^8
- 一次消費者：1.75×10^8
- 生産者：14.33×10^8　個体/km²

生物量ピラミッド
- 三次消費者：1.5
- 二次消費者：11
- 一次消費者：37
- 生産者：809 t/km²

▲個体数ピラミッド（北米の草原生態系）と生物量ピラミッド（北米の湖沼生態系）

3 | 生態ピラミッドの逆転　個体数ピラミッドでは，樹木とその葉を食べる昆虫の関係など，ピラミッドの形が逆転することもある。

> **要点** 多くの場合，個体数・生物量・エネルギー獲得量は栄養段階の上位のものほど少ない（生態ピラミッド）。

4章 植生とその移り変わり

6 生態系における有機物の収支

1│ 生産者の物質収支

a) **総生産量**…生産者が光合成によって生産した有機物の総量。
b) **純生産量**…総生産量から生産者自身が呼吸で消費した分を差し引いた量。
c) **成長量**…一定期間に増えた有機物の量。

<u>生産者の成長量 ＝ 純生産量 －（枯死量 ＋ 一次消費者による被食量）</u>

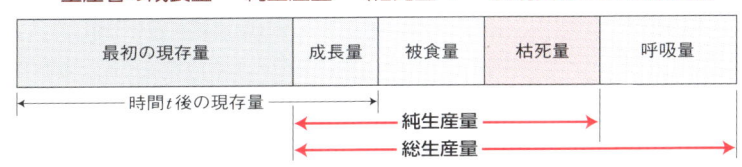

最初の現存量	成長量	被食量	枯死量	呼吸量

←─── 時間 t 後の現存量 ───→
　　　　　　　　　←─── 純生産量 ───→
　　　　　　　　　←──── 総生産量 ────→

2│ 消費者の成長量

a) **同化量**…生産者の総生産量にあたる。栄養段階が1つ下の生物を摂食・捕食した**摂食量**から**不消化排出量**を引いたもの。
b) **消費者の成長量**…同化量から**呼吸量**，**死滅量**と1段階上の栄養段階の生物(捕食者)による**被食量**を引いた値。

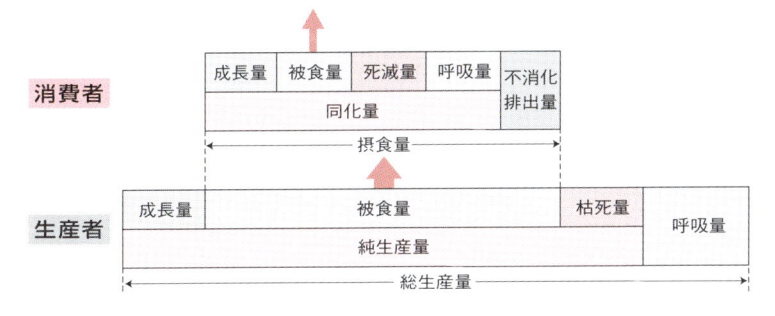

消費者

成長量	被食量	死滅量	呼吸量	不消化排出量
同化量				

←──── 摂食量 ────→

生産者

成長量	被食量	枯死量	呼吸量
純生産量			

←──── 総生産量 ────→

> **要点**
> 生産者の成長量＝<u>総生産量－呼吸量</u>－枯死量－被食量
> 　　　　　　　　　　**純生産量**
> 消費者の成長量＝<u>摂食量－不消化排出量</u>－呼吸量－死滅量－被食量
> 　　　　　　　　　　**同化量**

3│ エネルギー効率
前の栄養段階がもつエネルギー(生産者の場合は生態系に供給される全光エネルギー)のうち，その栄養段階がもつエネルギーに変換される割合。<u>上位の栄養段階ほど高い。</u>

ココに注目！
エネルギー効率
生産者…約1％,
消費者…10〜20％

27 物質循環とエネルギーの流れ

1 炭素の循環 【重要】

1] 生体を構成する有機物の炭素 C は，大気中や水中の二酸化炭素 CO_2 に由来。光合成と呼吸によって生物と非生物的環境の間を循環する。

> ココに注目！
> 大気中の二酸化炭素濃度は約0.04%

2] 炭素は生産者によって有機物に固定され，食物連鎖を通じて消費者にも取り込まれ，各生物の呼吸の結果 CO_2 の形で非生物的環境に放出される。

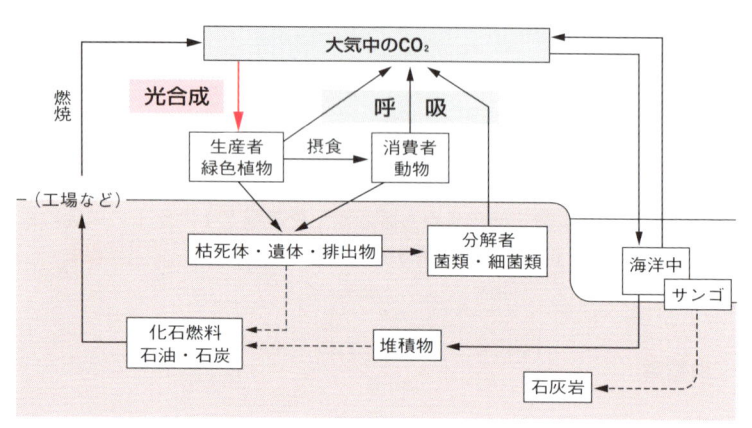

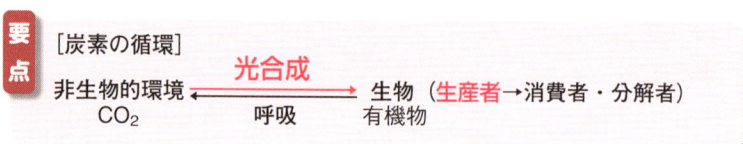

```
                    大気中のCO₂
   燃焼    光合成         呼 吸
           生産者  摂食  消費者
           緑色植物       動物
  （工場など）
           枯死体・遺体・排出物  分解者
                            菌類・細菌類   海洋中
                                          サンゴ
           化石燃料
           石油・石炭  ---- 堆積物
                                   石灰岩
```

> **要点** [炭素の循環]
>   光合成
> 非生物的環境 ⇆ 生物（生産者→消費者・分解者）
>   CO₂   呼吸   有機物

2 窒素の循環 【重要】

1] 窒素 N はタンパク質・核酸・ATP・クロロフィル（→主となる光合成色素）などの有機窒素化合物を構成する生物に不可欠な元素。

2] 窒素同化 非生物的環境から取り入れた N で有機窒素化合物を合成するはたらき。植物が地中から硝酸イオン NO_3^- やアンモニウムイオン NH_4^+ を取り込んで行う。
 └→硝酸塩（化合物）の形で存在。 └→アンモニウム塩の形で存在。

> ココに注目！
> 窒素はリンやカリウムと並んで重要な肥料の要素。

3) 窒素固定　大気中の N_2 から植物が利用可能な NH_4^+ を合成するはたらき。**窒素固定細菌**(アゾトバクター，クロストリジウム，根粒菌)や**シアノバクテリア**が行う。
→土壌中に生息←
マメ科植物の根に共生して根粒を形成←

4) 脱窒　窒素固定とは逆に窒素化合物を分解して遊離窒素 N_2 を放出。細菌類(脱窒素細菌)によって行われる。

5) 硝化　地中の NH_4^+ を**亜硝酸イオン** NO_2^- を経て NO_3^- に酸化。硝化に関係する細菌(亜硝酸菌，硝酸菌)は**硝化菌**とよばれる。
→亜硝酸塩として存在

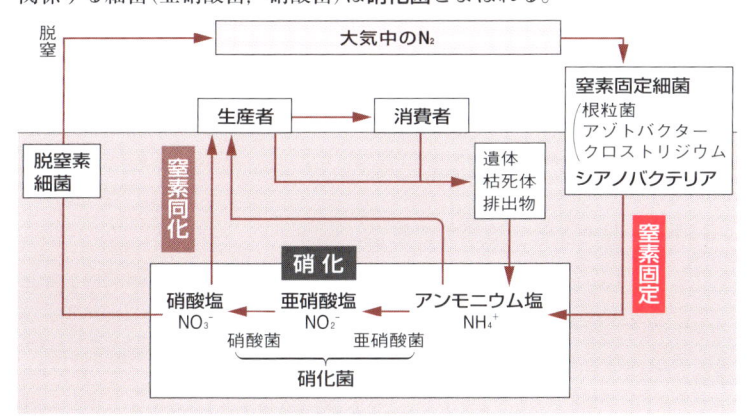

要点
[窒素の循環]　おもに生物間で循環。
窒素同化(植物)… NO_3^-，NH_4^+ ➡ タンパク質，**DNA** など
窒素固定(窒素固定細菌，シアノバクテリア)… N_2 ➡ NH_4^+

3 エネルギーの流れ 重要

1) 生産者の光合成(有機物の合成)によって光エネルギー➡化学エネルギーの転換が行われる。

2) 食物連鎖によってさまざまな生物に移行した化学エネルギーは最終的に熱エネルギーとして生態系外へ放出され，循環しない。

要点
エネルギーは循環しない。
光エネルギー ➡ 化学エネルギー ➡ 化学エネルギー ➡ 熱エネルギー
　　　　　　　光合成　　　　　食物連鎖　　　　　　呼吸

28 生態系のバランスと人間活動

1 生態系のバランスと攪乱 　重要

1│ 生態系のバランス　生物と非生物的環境は互いに影響を及ぼしながら変動していくが，変動は一定の範囲内で保たれる。

2│ 攪乱　台風や山火事などの要因による生態系の破壊・変動。

> **ココに注目！**
> 火山の噴火で溶岩におおわれるなど生態系の復元力を超える過度な攪乱があるとバランスは崩れる。

3│ 生態系の復元力　生態系は攪乱に対し，もとの状態に回復しようとする復元力がある。

4│ 生態系のバランスは，構成種が多くて複雑な食物網をもつ生態系ほど保たれやすく（→極相林など），単純な生態系ほど保たれにくい（→農耕地など）。

2 特定の種による生態系への影響

1│ キーストーン種　生態系で占める生物量が多くなくてもその増減が生態系に及ぼす影響の大きい生物。

2│ アラスカ沿岸のラッコの例　ジャイアントケルプ（コンブの一種）→ウニ→ラッコ　という食物連鎖が見られ，他にも魚類や甲殻類など多様な生物が生息していた海域で，人間による乱獲などでラッコが急速に減少するとウニが爆発的に増加してジャイアントケルプを食べつくし，他の生物も激減した。

4│ ペインの実験　右図のようにさまざまな固着生物などが生息していた太平洋沿岸の岩場で，ヒトデを除去し続けたところ，3か月後にはフジツボが増加（→藻類が固着場所を失う），1年後にはイガイがほとんどの面積を占める種数の少ない単純な生態系になった。➡ヒトデはこの岩場におけるキーストーン種。イガイなどを捕食して多様な生物が生息できる生態系維持にかかわっていた。

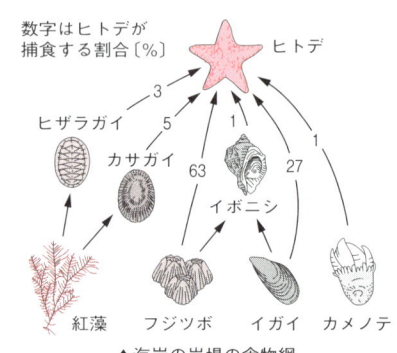

▲海岸の岩場の食物網

4章 植生とその移り変わり

3 水質汚濁と自然浄化

1 自然浄化　河川などへの有機物の流入による汚濁から，分解者のはたらきで透明度の高い水質が回復するしくみ。

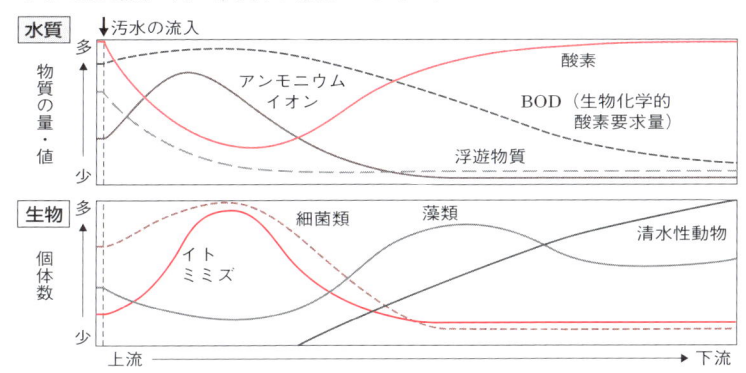

▲自然浄化と水質・生物の変化

2 富栄養化　水中の窒素やリンなどの無機物の濃度が高くなる現象。自然現象としても起こるが，人間活動によって生態系の復元力を超える有機物や窒素，リンが供給されると植物プランクトンが異常発生し，赤潮やアオコ（水の華）が生じることがある。
　└→微生物に分解されてN, Pを含む無機物になる
　　　　　　　　┌→おもに海で発生　┌→おもに淡水で発生。緑色。

ココに注目！
下水処理の不十分な生活排水や産業廃水，農場・牧場の地下水からの肥料の流出などが原因。

3 水質汚濁と生態系のバランス　植物プランクトンの異常発生が起こると，栄養塩類を吸収する水生植物が光不足で生育できず，富栄養化がさらに進む。また，プランクトンの遺骸の分解に伴い，酸素不足が生じる。

4 水の汚れと生物　水中の NH_4^+，リン酸，亜硝酸濃度や COD，BOD のほか，水生生物の種類から水の汚れの度合いを知ることができる（指標生物）。
　　化学的酸素要求量←┘　　　　　　└→生物化学的酸素要求量

ココに注目！
CODは化学的に，BODは好気性細菌によって水中の有機物を分解するのに必要な酸素量。値が高いほど水は汚い。

a) **きれいな水**…サワガニ，ヘビトンボの幼虫，ヒラタカゲロウの幼虫，ウズムシ（プラナリア）

b) **ややきれいな水**…スジエビ，ゲンジボタル，カワニナ，ヒラタドロムシ

c) **汚い水**…ミズカマキリ，ミズムシ，タニシ，シマイシビル
　　　　　　　　　　　　　　　└→甲殻類の一種

d) **とても汚い水**…ユスリカの幼虫，サカマキガイ，エラミミズ

3編 生物の多様性と生態系

29 人間活動と生態系の保全

1 地球温暖化 重要

1│温室効果 地表から放出される熱(赤外線)を大気が吸収し,一部を再び地表に放出することで,太陽から供給されるエネルギーに対して大気圏外に出ていく熱エネルギーが小さくなり地球表面の温度を上昇させる。

> **ココに注目!**
> 1分子あたりの温室効果はCO_2よりメタンやフロンのほうが高いが,CO_2は大気に含まれる量とその増加が大きいため温暖化への影響も大きいとされる。

2│温室効果ガス 温室効果をもつ気体。二酸化炭素 CO_2,メタン CH_4,フロン,水蒸気など。

3│地球温暖化 過去100年で地球上の年平均気温は0.7℃以上上昇。大気中の二酸化炭素濃度の上昇がかかわっていると考えられる。
　　　　それ以前は約1万年間,年平均気温は安定していた。

4│温室効果ガス増加の原因 化石燃料の大量消費によるCO_2の増加が気温上昇に大きな影響を与えていると考えられている。

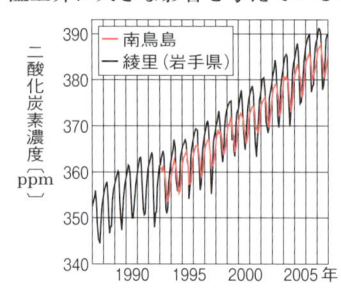

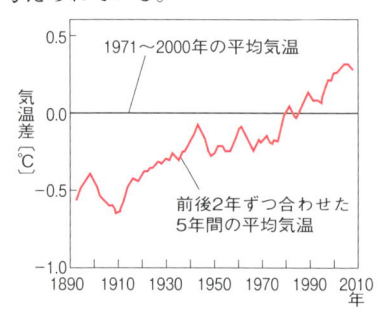

▲二酸化炭素濃度の変化(左)と地上の平均気温の変化(右)

5│地球温暖化の影響

a) 海水の膨張や氷河の融解により海面が上昇する。➡低地が水没

b) さまざまな生物の生息環境が失われる・生息地域が変化する。
　　　　　　　　　　　　　　　光合成を行い,サンゴに栄養分を供給する。
　例 **サンゴの白化**(海水温の上昇により共生していた藻類が失われサンゴが死滅する),伝染病を媒介するカなどの生息域の拡大
　　　　　　　　　　　　　→熱帯地域に多い

> **要点**
> 地球温暖化…温室効果ガス(二酸化炭素など)の増加が関係。
> 温暖化の影響…海面上昇,生物の生息環境の消失・分布の変化

4章 植生とその移り変わり

2 オゾン層破壊

1 オゾン層 地上約 25km の成層圏にあるオゾン O_3 濃度の高い層。生物に有害な紫外線を吸収するはたらきがある。

2 オゾンホール 南極上空を中心に南半球の夏に現れる、オゾン層のオゾン濃度が低くなった部分。

3 フロン フッ素 F と塩素 Cl を含んだ有機化合物で、化学的に安定であることからエアコンや冷蔵庫の冷媒、スプレーなどに使われてきたが、上空で紫外線により分解、Cl を放出してオゾン層破壊の原因となった。

4 オゾン層破壊の影響 紫外線の増加により白内障（→目の水晶体が白濁する病気）や皮膚がんの増加、植物や植物プランクトンへの悪影響が生じる。

> **要点** 上空の**オゾン層**を**フロン**が破壊することで**紫外線が増加**し、**白内障**や**皮膚がん**が増加する。

3 生物濃縮

1 生物濃縮 生物に取り込まれた物質が環境より高濃度に蓄積される現象。食物連鎖を通じて高次の消費者ほど高濃度となる。

2 生物濃縮されやすい物質 体内で分解されにくく、体外に排出されにくい物質。（→自然界に存在しない物質など。）

> **ココに注目！**
> 脂溶性の物質は細胞の膜構造などに結びつきやすく、水に溶けにくいので排出されにくい。

3 生物濃縮の例

a) 農薬に用いられた DDT の生物濃縮によってアメリカの鳥類が減少（卵の殻がもろくなり親が温めている間に割れてしまう）。

b) **水俣病**…メチル水銀の生物濃縮による重度の神経障害。（→工場廃水による海水の汚染→魚）

c) **イタイイタイ病**…カドミウムの生物濃縮により骨がもろくなる。（→鉱山廃水による土壌の汚染→米）

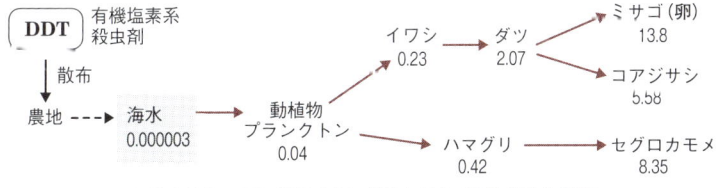

```
DDT（有機塩素系殺虫剤）
  ↓ 散布
農地 ---→ 海水 ──→ 動植物   ──→ イワシ ──→ ダツ  ──→ ミサゴ(卵)
        0.000003    プランクトン   0.23    2.07      13.8
                    0.04                        ──→ コアジサシ
                                                    5.58
                                ──→ ハマグリ ──→ セグロカモメ
                                    0.42         8.35
```

▲アメリカ・ロングアイランドにおける DDT の生物濃縮

4 森林破壊と砂漠化

1 世界の森林面積は年平均約0.7%の速度で減少しており，特に**熱帯林の減少**が著しい。

> **ココに注目！**
> 温帯・亜寒帯は先進国を中心に植林が行われているが，熱帯林は面積が大きく，途上国の伐採や開発が著しい。

2 **熱帯林の減少** おもに大規模な**焼畑**と過度の**森林伐採**が原因。

a) 熱帯林は土壌の層が薄く，大規模な焼畑や伐採の後，**激しい雨**によって土壌が流出し，森林が回復できないことが多い。
　　└多くの場合放牧が行われ，草原で固定される┘

b) 熱帯林はきわめて多様な生物の生息の場…遺伝子資源としても重要。

c) 熱帯林は**膨大な炭素と水を蓄積**…破壊すると温暖化と乾燥化を助長。

3 **砂漠化** 乾燥地域で土地が劣化し植物の生育に適さなくなること。
　　　　　　　　　　　　　　　　　　└水不足ということだけではない。

4 **砂漠化の原因** **森林の消失**（森林伐採・焼畑），**過放牧**，不適切な灌漑（かんがい）による**塩害**，砂の流入，侵食（風食・水食）
　　└砂漠地帯では極めて短期間に多量の降水が生じることがある。

> **ココに注目！**
> 乾燥地で耕作地に水をまきすぎると，毛管現象と蒸発で地下水を吸いあげて地表に塩分が蓄積する塩害が生じる。

> **要点**
> 熱帯林の減少…**伐採**と**焼畑**がおもな原因。
> 熱帯林消失の影響…膨大な生物種の絶滅（多様性の消失，遺伝子資源の損失），CO_2吸収機能の喪失，乾燥化
> 砂漠化の原因…森林の消失・**過放牧**・**塩害**・侵食・砂の流入

5 生物多様性の問題

1 **外来生物**（外来種） 人間の活動によって本来の生息場所から別の場所に持ち込まれ，定着した生物。
　　　　　　　└明治時代以降に移入した生物を指すことが多い。

> **ココに注目！**
> 国内の移動でも本来生息していなかった場所に持ち込まれれば外来生物として扱われる。

2 **外来生物の問題** 新しい場所が生息に適し定着できた場合，在来の生物が利用していなかった食物や生活の場を利用し，捕食者が存在しないために爆発的に増殖して生態系のバランスを壊すことがある。

3 **侵略的外来生物** 在来の生物に対して**捕食する，食物や生活の場を奪う**，病気を媒介するなどして絶滅させるなど，生態系や人間の生活に影響を与える外来生物。日本でも**外来生物法**により100種を超える動植物が**特定外来生物**として指定され，飼育・栽培・輸入などが禁止されている。

4章 植生とその移り変わり

▼日本に移入したおもな外来生物(**太字**は特定外来生物)

無脊椎動物	アメリカザリガニ,アメリカシロヒトリ,**セアカゴケグモ**
魚　類	**オオクチバス**,**ブルーギル**,カダヤシ
両生類・ハ虫類	ウシガエル,アカミミガメ,**カミツキガメ**
哺乳類	**アライグマ**,**ヌートリア**,**ジャワマングース**
植　物	**オオハンゴンソウ**,ブタクサ,セイタカアワダチソウ

無脊椎動物欄注：カの一種→アメリカシロヒトリ
魚類欄注：一般にブラックバスとよばれる。→オオクチバス／メダカの近縁種→カダヤシ
両生類・ハ虫類欄注：食用として輸入。→ウシガエル／ミドリガメの名でペットとして輸入。→アカミミガメ

4」絶滅危惧種 環境破壊によって種の存続が危ぶまれている生物。種の絶滅は生態系の単純化・不安定化と関連が深い。

5」生物多様性 種の多様性,遺伝的多様性,生態系多様性の3つのレベルがある。

> **ココに注目!**
> いずれも多様で複雑なほうが大きな撹乱に対しても絶滅を免れ生態系のバランスを保ちやすい。

6」里山 日本の伝統的な農村の集落で水田や畑のほか,雑木林や草地が存在する一帯の環境。人間の適度な関与によって多様な環境が維持される。

a) 雑木林…燃料や肥料として樹木を伐採したり下草,落ち葉を持ち去ることで林床に光が入り,二次林が維持される。➡陰樹林では生育できない植物やその葉・実を食べる昆虫・哺乳類などの生息環境が守られる。

b) 水田…タガメ,ゲンゴロウ,トンボの幼虫などが生息するほか,ドジョウやメダカなどの稚魚が育つ場となる。

注：川と直接つながっている水田は春先に水温が高く,捕食者が少なく,えさが豊富な環境。

6 環境保護の取り組み

1」ラムサール条約(1971年) 渡り鳥が中継地や生息地とする湿地の保全や適切な利用を目的とした条約。

> **ココに注目!**
> 湖沼や干潟,水田などの湿地は水の浄化や鳥類・魚類への食物の供給にはたらき,人間の食料資源などの面からも重要。

2」ワシントン条約(1973年) 絶滅が危ぶまれる動植物を指定し,輸出入を禁止する。

3」生物多様性条約(1992年) 生物資源を持続可能に保ち,遺伝資源から得られる利益を適切に配分することが目的。

> **ココに注目!**
> たとえば途上国で発見された生物の遺伝子をもとに開発された物質や医薬品の利益を,研究・商品化した先進国が独占しないようにする。

4」レッドデータブック 絶滅危惧種およびその分布,生息状況,絶滅の危険度などをまとめたもの。

要点チェック

↓答えられたらマーク　　　　　　　　　　　　　　　　　　　わからなければ ↻

- **1** ある場所に生育する植物全体を指して何というか。　p. 76
- **2** ある地域の植生が森林になるか草原になるかはその地域の気候条件のうちおもに何で決まるか。　p. 76, 82
- **3** 森林の地表付近の部分を何というか。　p. 76
- **4** 土壌をつくるのはおもに風化した岩石と何か。　p. 77
- **5** 見かけ上, 光合成速度が0になる光の強さを何というか。　p. 78
- **6** 5が小さく, 光の弱い場所でも生育できる植物を何というか。　p. 79
- **7** 土壌や生物のない裸地から始まる植生の遷移を何というか。　p. 80
- **8** 遷移の初期段階でその土地に現れる植物を何というか。　p. 80
- **9** 遷移の終わりにあたる植生が長期間安定な状態を何というか。　p. 80
- **10** 日本の気候では11はどのような植生になるか。　p. 80
- **11** その地域にすむ生物全体のまとまりを何というか。　p. 82
- **12** 冷温帯に分布し冬に落葉する樹木からなる林を何というか。　p. 83
- **13** 本州中部に見られる垂直分布を標高の低いほうから順に示せ。　p. 85
- **14** 高山帯と亜高山帯の境界を何というか。　p. 85
- **15** 生態系を構成するのは生物と何か。　p. 86
- **16** 生態系で見られる複雑な食物連鎖のつながりを何というか。　p. 87
- **17** 植物プランクトンや藻類が生活する限界の深さを何というか。　p. 87
- **18** 生産者, 一次消費者などの食物連鎖上の段階を何というか。　p. 88
- **19** 18ごとの量を示した帯を順に積みあげた図を何というか。　p. 88
- **20** 炭素, 窒素, エネルギーのうち生態系を循環するのはどれか。　p. 90, 91
- **21** 窒素固定を行う生物には窒素固定細菌のほかに何があるか。　p. 91
- **22** 河川や海の窒素やリンの濃度が高くなる現象を何というか。　p. 93
- **23** 地球温暖化の原因となる気体をまとめて何というか。　p. 94
- **24** 生体内で物質が環境より高濃度に蓄積される現象を何というか。　p. 95

答

1 植生, **2** 年降水量, **3** 林床, **4** 腐植(有機物), **5** 光補償点, **6** 陰生植物, **7** 一次遷移(乾性遷移), **8** 先駆植物(パイオニア植物), **9** 極相(クライマックス), **10** 陰樹林, **11** バイオーム(生物群系), **12** 夏緑樹林, **13** 丘陵帯・山地帯・亜高山帯・高山帯, **14** 森林限界, **15** 非生物的環境, **16** 食物網, **17** 補償深度, **18** 栄養段階, **19** 生態ピラミッド, **20** 炭素, 窒素, **21** シアノバクテリア, **22** 富栄養化, **23** 温室効果ガス, **24** 生物濃縮

4章 練習問題

解答 → p.108

1 右図は照葉樹林を横から見たようすを示したものである。以下の問いに答えよ。

(1) 図の植生に見られる階層構造について，①～④の各層の名称を答えよ。

(2) ①～④の各層に見られる植物の組み合わせを次の**ア**～**エ**より選べ。
　ア ヒサカキ・アオキ
　イ クスノキ・タブノキ
　ウ ベニシダ・ササ
　エ ヤブツバキ・エゴノキ

(3) 森林の最も高いところで葉が展開している部分を何というか。

(4) 森林の地表部分を特に何というか。

(5) 照葉樹林の地中には土壌の階層構造が発達する。この地中層の最上部は落葉が積もった層からなるが，その下の，生物の枯死体が分解されて生じた有機物を豊富に含む層は何とよばれるか。

2 光合成速度を調べる方法として，透明な容器に植物を入れて一定の速度で空気を通し，その空気の入り口と出口でCO_2(二酸化炭素)濃度を測定する方法がある。このとき，単位時間あたりのCO_2吸収量は，光合成によるCO_2吸収速度から(　　)によるCO_2放出速度を差し引いた値である。

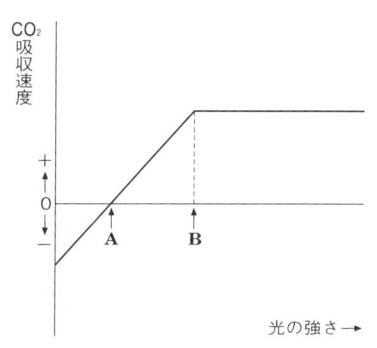

(1) 文中の(　)に適語を入れよ。

(2) 図中の**A**，**B**はそれぞれ何とよばれるか。

(3) 右上図が陰生植物の光－光合成曲線のとき，陽生植物の光－光合成曲線はどのようになるか。図中に加筆せよ。

HINT　**2**　(3) **A**，**B**の位置，光が十分に強いときのCO_2吸収速度の値，および光量＝0のときの値に注意する。

3編 生物の多様性と生態系

3 次の図は暖温帯における乾性遷移の過程を示したものである。これを見て以下の各問いに答えよ。

①裸地・荒原→②草原→③低木林→④ __A__ →混交林→⑤ __B__

(1) A, B にはいる適当な植生を答えよ。
(2) 上の①〜⑤に主として見られる植物を次のア〜オより1つずつ選べ。
  ア アカマツ　　イ ウツギ　　ウ ススキ　　エ スダジイ
  オ 地衣類
(3) ⑤の植生が成立すると，その後は構成種に大きな変化が見られなくなる。このような状態を何というか。
(4) ⑤から植物が伐採されて持ち去られ，放置された場所で始まる遷移を何というか。
(5) 森林内の倒木や落枝によって地表まで光が届くようになった場所を何というか。

4 右図は年平均気温および年降水量とバイオームの関係を示したものである。

(1) 図中の①〜⑩に該当するバイオームを次のA〜Jより選び，それぞれ記号で答えよ。

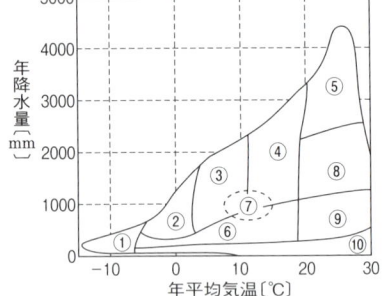

  A 熱帯多雨林
  B 針葉樹林
  C 照葉樹林
  D 硬葉樹林
  E 夏緑樹林　　F 雨緑樹林　　G サバンナ
  H ステップ　　I ツンドラ　　J 砂漠

(2) (1)のA〜Jの植生で特徴的に見られる植物を次のア〜コより選び，それぞれ記号で答えよ。
  ア コルクガシ　　イ アラカシ　　ウ アカシア
  エ イネ科植物　　オ サボテン　　カ モミ
  キ フタバガキ　　ク ブナ　　ケ チーク　　コ 地衣類

HINT **4** フタバガキの仲間は非常に高く成長する常緑広葉樹。アカシアは雨の少ない地域に散在して生える樹木。チークは乾季と雨季のある地域で森林を形成する。

5 次の文を読み、空欄にはいる語を答えよ。

生物とそれをとりまく温度・光・水などの①(　　)環境を合わせて1つのまとまりとして考えたものを②(　　)という。①環境が生物に与える影響を③(　　)、逆に生物が①環境に与える影響を④(　　)という。

生物は、②における役割によって大きく⑤(　　)・⑥(　　)・⑦(　　)の3つに分けることができる。⑤は二酸化炭素から有機物を合成することで太陽からのエネルギーを生物が利用できる化学エネルギーに変換する。⑥は⑤を食べる⑧(　　)と、⑧を捕食する⑨(　　)、さらに⑨を食べるものなどがおり、⑤→⑧→⑨→…と続くつながりを⑩(　　)という。また、⑩における⑤、⑧、⑨などの各段階を⑪(　　)といい、これらの個体数あるいは生物量といった量を示したグラフを積み重ねた図を⑫(　　)という。

6 図は、自然界における物質の循環を模式的に示したものである。

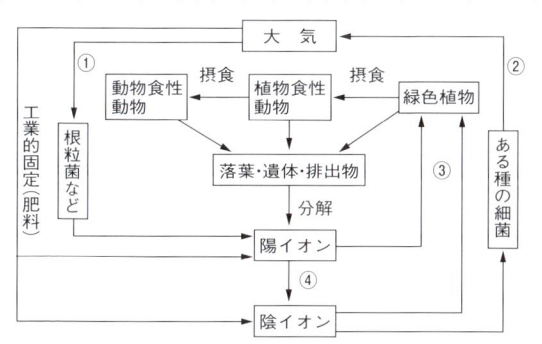

(1) 図は炭素と窒素、どちらの循環を示しているか。
(2) 図中①〜④で示された、生物のはたらきを答えよ。
(3) 根粒菌はある生物の細胞内に共生して①を行う。その生物を答えよ。
(4) 根粒菌のほかに①を行う生物をあげよ。

7 次の①〜④のことからに関連の深い物質または元素を、カッコ内の数だけ下のア〜クから選び答えよ。ただし同じ物質を複数回選んでもよい。
① 地球温暖化（3）　　② オゾン層破壊（1）　　③ 富栄養化（2）
④ 生物濃縮（3）

　　ア　メタン　　イ　フロン　　ウ　リン　　エ　有機水銀
　　オ　窒素　　カ　二酸化炭素　　キ　カドミウム　　ク　DDT

:::aside
練習問題の解答
:::

練習問題の解答

1編

細胞と遺伝子

1章 生物の多様性と共通性

1 答 ① 細胞 ② 遺伝
③ DNA ④ 代謝 ⑤ ATP
⑥ ない

[解説]
①細胞はすべての生物体の構造および機能上の単位である。②遺伝情報は，生物のからだの設計図にあたる情報であり，また，生命活動をするうえで必要な物質を必要に応じて合成するための情報も含まれる。
③DNAは細胞内に保持される遺伝情報の実体となる物質で，4種類もの塩基の配列でその個体のあらゆる遺伝情報を表す（→ p.26）。
⑤ATPは「エネルギーの通貨」とよばれ，物質の合成や運動などエネルギーを用いたあらゆる生命活動に利用される。
⑥ウイルスはタンパク質の殻とその中に核酸（DNAまたは一部の種ではRNA）をおさめた構造からなり，細胞構造をもたず，条件により結晶状になるなど分子のような性質をもつ。さらに増殖するには生きた細胞に寄生してその酵素やリボソームなどを利用する必要があるなど，生物とは異なるものとされている。

2 答 (1) ① 細胞壁，② 葉緑体，
③ ミトコンドリア，④ 核，
⑤ 細胞膜，⑥ 液胞
(2) ① カ，② ク，③ イ，④ オ，
⑤ ア，⑥ ケ
(3) 酢酸オルセイン溶液
(4) 植物，理由…葉緑体と細胞壁が存在するから。
(5) ゴルジ体，はたらき…ウ
(6) 原形質流動
(7) 染色体，
物質名…DNA・タンパク質

[解説]
(1) ミトコンドリアと葉緑体とでは，葉緑体のほうが大きい（ふくらんでいる）。
(2) エは中心体，キはリボソーム（光学顕微鏡では見えない）のはたらき。
②葉緑体は光合成を行い，光エネルギーを化学エネルギー（デンプンなど有機物にたくわえられた形）に変換する。
(3) 核（の染色体）は酢酸オルセインや酢酸カーミンによく染まる。
(4) 光学顕微鏡で観察した細胞像では，植物細胞に特徴的な構造体として細胞壁と葉緑体（色素体），発達した液胞があげられる。しかし，葉緑体は植物細胞でも根や花弁などの細胞には存在しないことや，液胞は動物細胞にも存在することにも気をつける。
(5) 電子顕微鏡で植物細胞を観察すると，光学顕微鏡では見られなかったゴルジ体の微細構造が観察できる。ゴルジ体は小胞体（光学顕微鏡では見えない）から送られてきたタンパク質や脂肪を取り込み，加工・濃縮して分泌顆粒をつくる。

3 答 ① ○ ② 高倍率→低倍率
③ 明るく→暗く，平面鏡→凹面鏡
④ 細胞全体→核

[解説]
③倍率が高くなると視野は狭くなり，目に届く光の量も減ることになる。凹面鏡は表面がくぼんでおり，反射光が集まる性質がある。

4 答 $12\mu m$

[解説]
対物ミクロメーターは，1mm（1000μm）を100等分してあるので，**1目盛りの長さは10μm**。その18目盛り分の長さは18×10＝180μm。この長さと接眼ミクロメーター15目盛りが同じ長さのとき，接眼ミクロメーター1目盛りの長さは180÷15＝12μmとなる。

5 答 (1) 触媒　(2) タンパク質
(3) タンパク質　(4) 酵素…リパーゼ，生成物…脂肪酸，モノグリセリド
(5) ミトコンドリア，細胞質基質

[解説]
酵素は**生体触媒**ともよばれ，複雑な立体構造をもつタンパク質分子でできており，特定の部位で反応する物質（**基質**）と結合し，化学反応を促進する。
(4) 脂肪はグリセリンに脂肪酸が3つ結合してできている物質で，**リパーゼ**のはたらきによって，2つの**脂肪酸**と，グリセリンに脂肪酸が1つ結合した**モノグリセリド**に分解される。
(5) 呼吸は有機物を分解して生じたエネルギーを用いてATPを合成する過程。たとえばグルコース1分子を呼吸基質とした場合，まず**細胞質基質**でピルビン酸に分解されて2ATPが合成され，次にピルビン酸は**ミトコンドリア**で酸素を用いて水と二酸化炭素に完全に分解され，およそ36ATPが合成される。

6 答 (1) 実験2…高温により酵素がはたらきを失ったから。
実験3…pHが低いため酵素がはたらかなかったから。
(2) 対照実験，
目的…反応が起こる原因が酵素液にあることを確認するため。
(3) 酸素，確認方法…火のついた線香を発生した気体に近づける。

(4) カタラーゼ
(5) はげしく反応する。
理由…実験1の試験管には酵素が，実験2の試験管には過酸化水素が残っているから。

[解説] (1) **酵素の本体はタンパク質**で，熱などによって活性を失う（これを**失活**という）。
(2) 実験1で発生した酸素が過酸化水素に酵素液を加えた結果生じたものか，酵素がなくても過酸化水素は別の理由で酸素を発生したのかを判断するための対照実験。**対照実験では検討する条件（1つ）以外，すべての条件を同じにして行う**。
(3)(4) **カタラーゼ**は，過酸化水素を次式のように分解する。$2H_2O_2 \longrightarrow 2H_2O + O_2$
発生する気体が酸素であることは，線香や竹ぐしの燃えさしを気体に接近させ，炎がはげしくなることで確認する。
(5) 酵素は**生体触媒**とよばれ，化学反応を進行させるはたらきをもつが，自分自身は反応の前後で変化しない。実験1で反応が終了した試験管中には，基質は消失しているが酵素は残っており，一方，酵素が失活していた実験2の試験管中には，基質が残存していると考えられる。

7 答 (1) 代謝　(2) 異化
(3) ① **ATP**，② **ADP**，③ リン酸，
④ 高エネルギーリン酸結合

[解説]
(3) **ATP**はアデノシンにリン酸が3つつながった物質，ADPはリン酸が2つつながった物質で，生体内でATPはADPにリン酸を1つ結合させることで合成される。この分子を構成するリン酸どうしの結合は**高エネルギーリン酸結合**とよばれ，結合するときにエネルギーを蓄え，はずれるときにエネルギーが放出される。

練習問題の解答

8 答 (1) 炭酸同化 (2) 葉緑体
(3) ① 水, ② 酸素 (4) **ATP**

解説
(1) 簡単な物質から複雑な物質を合成する過程を同化とよぶ。光合成のほか,無機物を酸化して生じるエネルギーを用いてCO_2から有機物を合成する化学合成があり,これらはまとめて炭酸同化とよばれる。また,植物にかぎらずあらゆる生物で行われる,アミノ酸からタンパク質を合成する過程(→ p.30)も同化の1つである。さらに無機窒素化合物を取り入れてタンパク質などの複雑な有機窒素化合物を合成する同化もあり,窒素同化とよばれる(→ p.90)。
(3) 二酸化炭素+水+光エネルギー
　　　　　　　　→ 有機物+酸素

9 答 (1) エ (2) イ (3) イ

解説
(1) 呼吸の場である細胞小器官のミトコンドリアは,二重膜の内膜が内側にくびれ込んだ構造をしているのが特徴。
(2) 呼吸も燃焼も酸素を用いて有機物が分解され,エネルギーが放出される現象。
(3) ア…呼吸は数多くの異なる化学反応が連続して起こることで,急激にエネルギーが熱として放出される燃焼と異なり,効率よくATPの化学エネルギーに変換することができる。これらの化学反応にはそれぞれ異なる酵素が関与している。
イ…呼吸は二酸化炭素と水から有機物を合成するのとは逆の反応。

2章　遺伝子とそのはたらき

1 答 (1) ヌクレオチド
(2) ① リン酸, ② 糖(デオキシリボース), ③ 塩基
(3) **A, C, G, T**
(4) 二重らせん構造
(5) ワトソン, クリック

解説
DNAはヌクレオチドが鎖状に多数結合してできる巨大分子で,リン酸と糖,塩基からなる。DNAのヌクレオチドの糖はデオキシリボースという種類で,DNAはデオキシリボ核酸の略称である。DNA分子は,ヌクレオチドどうしがリン酸と糖の部分で鎖状につながり,塩基の部分で2本の鎖が互いに結合して,はしご状の2本鎖を形成。鎖のつながる際にできる角度から二重らせん構造が生まれる。

2 答 (1) 1組 (2) **23本**
(3) イ

解説
(1) 真核生物の体細胞は2組,精子や卵などの配偶子は1組のゲノムをもつ。
(2) 46本の染色体が2組のゲノムに相当する。

3 答 (1) **体細胞分裂中期**
(2) 相同染色体
(3) 精子…**5本**,卵…**5本**
(4) **DNA**, タンパク質

解説
(1) X字形の染色体は,DNAが複製されて2本になった染色体が2つの細胞に分配される前の状態。染色体は間期には核の中で分散しているが,細胞分裂の前期に凝縮して太いひも状になり,中期には細胞の中央(赤道面)に並び,顕微鏡で観察できるようになる。
(4) 染色体は,長い1本のDNA分子が多数のヒストン(タンパク質の一種)に巻きついて密に折りたたまれることでできている。

4 答 エ

解説

ア…ゲノムの遺伝情報は非遺伝子領域も含めたDNAの塩基配列全体。
イ…塩基配列が個人間で異なるのは全体の約0.1%（1000塩基に1つ）。この違いについて調べることで，医学や分子生物学，医薬品開発などの研究に役立てることができる。
ウ…ヒトゲノムの解読は2003年に完了した。
オ…分化後核が消失するような特殊な細胞を除けば，1個体を構成するすべての体細胞は同一の完全なゲノムをもつ。

5 答 (1) ① D，② E，③ B，④ A，⑤ C，⑥ B
(2) 植物細胞は赤道面に細胞板が形成され，それが発達して細胞壁となり細胞質分裂する。動物細胞は赤道面の周囲からくびれるように2分する。
(3) ①固定，
目的…化学反応を停止させ，細胞の構造を生きているときに近い状態のまま保存するため。
②解離，
目的…細胞どうしの接着をゆるめ，細胞どうしを離れやすくするため。
(4) 前期 4.6時間，中期 0.8時間，後期 0.4時間，終期 0.6時間，間期 13.6時間

解説

(1) 体細胞分裂（分裂期）の前期には染色体が太くまとまり，分裂装置である紡錘糸や星状体も出現する。染色体は中期に赤道面に並び，後期に縦裂面から分離して両極に移動する。終期には核分裂が終了し，細胞質分裂が起こる。DNAの複製は分裂期の前（間期）に行われる。
(3) 体細胞分裂の観察では，まず細胞の構造が細胞内の酵素などによって壊れるのを防ぐために固定を行う（カルノア液または酢酸アルコール液を用いる）。次に行う解離（塩酸を用いる）は，押しつぶしによって細胞がうまく1層に広がるように細胞間の結合をゆるめておく操作である。
(4) 分裂期各期の時間は，各期の細胞が細胞の総数の中で占める数の割合が，それぞれの時期に要する時間に相当すると考える（ただし，各細胞の分裂が互いに連動して進むようだとあてはまらない）。
観察した細胞の合計数は$46+8+4+6+136=200$。前期の細胞数は46個なので，全細胞数に占める割合は$\frac{46}{200}$。細胞周期に20時間かかるとあるので，前期に要する時間は$20\times\frac{46}{200}=4.6$時間。

6 答 (1) ① DNA，② RNA，③ タンパク質
(2) A…複製，B…転写，C…翻訳

解説

(1) ②はmRNAでもよい。

7 答 (1) イ→ウ→エ→ア
(2) 転写（遺伝情報の転写）
(3) タンパク質

解説

RNAの合成（イ）は核内で行われ，核外へ運びだされ（ウ），tRNAが運んできた（エ）アミノ酸どうしをリボソームが結合させてタンパク質を合成する（ア）。この合成されたタンパク質がさまざまなはたらきをすることで形質発現がなされる。

8 答 (1) TAACGCAGCTTT
(2) 3個 (3) UAACGCAGCUUU
(4) ユトン (5) 4個
(6) アンチコドン

解説

(1) AとT，CとGが相補的な関係にあ

る組み合わせである。このため，たとえば ATGC という塩基配列があればこれに相補的な塩基配列は TACG となる。
(2) DNA と RNA の塩基配列は 3 つで 1 組としてはたらき，トリプレットとよばれる。
(3) (1)と同じ並び方の塩基配列になる。ただし RNA では T のかわりに U がはいる。
(5) 12 個の塩基が 3 つずつ 1 組になるので 4 組。

9 答 (1) **AUGAACGGGUCCAAU**
(2) メチオニン・アスパラギン・グリシン・セリン・アスパラギン

[解説]
(1) **8** の(3)と同様にして求める。
(2) 最初の AUG は，大きく 4×4 に仕切られた表のうち，上から 3 番目・一番左のマスの中の上から 4 番目のアミノ酸が該当し，メチオニンとわかる。以降の暗号についても同様に求める。

10 答 ① 分化 ② 未分化
③ 未受精卵 ④ 山中伸弥
⑤ iPS 細胞

[解説]
体内でいろいろな細胞に分化するもととなる未分化な細胞を幹細胞といい，これを培養してさまざまな細胞や組織に分化させることができれば医学や分子生物学の研究や再生医療，医薬品開発などの応用に役立てることができる。山中教授の iPS 細胞は分化した細胞から人工的に幹細胞を作成した画期的な偉業である。

2編

生物の体内環境の維持

3章　個体の恒常性の維持

1 答 (1) ⓐ 恒常性(ホメオスタシス)，ⓑ 体内(内部)，ⓒ リンパ管
(2) ① エ，② ウ，③ キ，④ ク，⑤ エ，⑥ オ，⑦ カ

[解説]
①酸素は血液中の赤血球にあるヘモグロビンと結合して肺から末梢の組織へと運ばれる。
②細胞の呼吸によって生じた二酸化炭素は血しょうに溶けて肺に運ばれる。
③消化管で吸収された脂肪は毛細リンパ管(乳び管)に取り込まれ，リンパ管に入り運ばれる。

2 答 (1) ① (大)静脈，② 右心房，③ 右心室，④ 肺動脈，⑤ 肺静脈，⑥ 左心房，⑦ 左心室，⑧ (大)動脈
(2) A…体循環，B…肺循環
(3) ⑤
(4) 血液の逆流を防ぐ
(5) ⑦

[解説]
(3) 肺から出てくる肺静脈を流れる血液が酸素ヘモグロビンを最も多く含む。
(4) 静脈では，心臓の拍動で血液が強く押し流されていく動脈とは異なり，静脈弁によって血液の逆流を防いでいる。
(5) 全身に血液を送り出す左心室壁は非常に厚い。

3 答 (1) ②
(2) 海水魚…等しい，
淡水魚…低い
(3) えら，腎臓，腸

練習問題の解答

[解説]
(1) 調節機能が発達しているということは，外部の塩分濃度に関係なく体液の塩分濃度を一定の範囲内に保てるということ。
(2) 海水魚は塩類を積極的に排出するが，体液より高濃度の尿をつくることはできないので尿は体液と同じ濃度である。

4 答 (1) ① 糸球体，
② ボーマンのう，③ 腎小体，
④ 細尿管，⑤ 毛細血管，
⑥ 腎単位(ネフロン)，⑦ 集合管
(2) ろ過，①と②
(3) 再吸収　(4) タンパク質
(5) グルコース
(6) ホルモン名…バソプレシン，
　器官名…脳下垂体後葉

[解説]
(1) ④細尿管は腎細管ともいう。
(4) タンパク質は血しょう中に数パーセント含まれる重要な成分である。これは高分子で，腎小体でろ過されないので，原尿にも尿にも含まれない。
(5) グルコースは腎小体でろ過されて原尿に含まれるが，細尿管から毛細血管に再吸収される。
(6) バソプレシンは集合管での水の再吸収を促進するので，尿の量は減る。

5 答 ① 脳下垂体後葉・カ
② 副腎髄質・ウ
③ すい臓ランゲルハンス島 A 細胞・ウ
④ すい臓ランゲルハンス島 B 細胞・ア
⑤ 脳下垂体前葉・エ

[解説]
②アドレナリンは血糖量を増加させるほか，交感神経と同じはたらきをする。

6 答 ① 交感神経
② ノルアドレナリン　③ 促進　④ 抑制
⑤ 副交感神経　⑥ アセチルコリン
⑦ 抑制　⑧ 促進

[解説] ④⑧興奮時(交感神経がはたらく)には，消化器系のはたらきは抑制される。

7 答 ① ア　② オ　③ エ　④ カ
⑤ キ　⑥ ク　⑦ サ　⑧ セ　⑨ ソ
⑩ ケ　⑪ コ

[解説]
⑨⑩血糖量を増加させるホルモンのうち，糖質コルチコイドはタンパク質から糖生成を促進する。これに対し，アドレナリンとグルカゴンはグリコーゲンの分解を促進する。
⑪インスリンのはたらきは，グリコーゲンの合成促進と，呼吸によるグルコースの分解促進である。

8 答 (1) 樹状細胞　(2) B 細胞
(3) 抗体　(4) アレルギー
(5) 体液性免疫　(6) 細胞性免疫

[解説]
(1) 白血球はいずれも食作用を行うが抗原の情報提示を行う細胞としては樹状細胞やマクロファージをあげる。
(6) 細胞性免疫におけるキラー T 細胞の異物(がん細胞や移植された細胞など)に対する攻撃は，食作用ではなくおもに化学物質の放出による。

3編

生物の多様性と生態系

4章　生態系とその移り変わり

1 答 (1) ① 高木層, ② 亜高木層, ③ 低木層, ④ 草本層
(2) ① イ, ② エ, ③ ア, ④ ウ
(3) 林冠　(4) 林床　(5) 腐植土層

解説
照葉樹林にかぎらず, 植生の中では高さの異なる植物が階層構造をなして葉を広げ, 下の層ほど弱くなっていく光をそれぞれ利用している。

2 答 (1) 呼吸
(2) A…光補償点, B…光飽和点
(3) 下図(赤線)

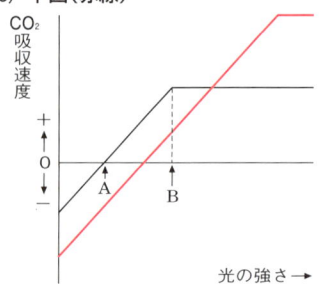

解説
(3) 陽生植物は, 陰生植物に比較して光補償点, 光飽和点が高く, 強光下での光合成速度は大きい。また, 呼吸速度も大きい。

3 答 (1) A…陽樹林, B…陰樹林
(2) ① オ, ② ウ, ③ イ, ④ ア, ⑤ エ
(3) 極相(クライマックス)
(4) 二次遷移
(5) ギャップ

解説
(1) このように裸地から始まる遷移を一次遷移という。一次遷移では草原が形成された後, 軽い種子を遠くへ飛ばすことのできる先駆樹種が進入する。この先駆樹種は光の強い条件で成長が速い陽樹が多く, 陽樹林が形成される。その後暗い林床でも芽生えが成長できる陰樹が陽樹にとってかわり, 植生は混交林を経て陰樹林に遷移していく。

4 答 (1) ① I, ② B, ③ E, ④ C, ⑤ A, ⑥ H, ⑦ D, ⑧ F, ⑨ G, ⑩ J
(2) A…キ, B…カ, C…イ, D…ア, E…ク, F…ケ, G…ウ, H…エ, I…コ, J…オ

解説
(1) 図の右側にあたる熱帯では雨量の多いほうから⑤熱帯多雨林・⑧雨緑樹林・⑨サバンナ・⑩砂漠が分布し, 雨量の多い上側を熱帯多雨林から温度の低い左側へたどると, (亜熱帯多雨林)・④照葉樹林・③夏緑樹林・②針葉樹林と植生が変わっていく。最も降水量の少ない下の部分が荒原で, 左から①ツンドラ・⑩砂漠。その次に少ない列が草原で左から⑥ステップ・サバンナ。

5 答 ① 非生物的　② 生態系
③ 作用　④ 環境形成作用
⑤ 生産者　⑥ 消費者　⑦ 分解者
⑧ 一次消費者　⑨ 二次消費者
⑩ 食物連鎖　⑪ 栄養段階
⑫ 生態ピラミッド

解説
① 無機的環境とよぶこともある。
② 生態系は英語で ecosystem (または ecological system)。1つのまとまり(システム)として機能しているイメージで理解するとよい。

③「作用」は非生物的環境から生物への影響に意味が限定されているので注意。逆方向の影響は④環境形成作用になる。
⑤⑥⑦ 二酸化炭素から有機物を合成(炭酸同化)する緑色植物などは生産者とよばれ，それ以外の生物(消費者・分解者)は，生産者がつくった有機物を直接あるいは食物連鎖や腐食連鎖(p.87)を通じて間接的に取り入れなければ生きられない。
⑫ 生態ピラミッドは個体数について表した個体数ピラミッド・生物量(現存量)について表した生物量ピラミッド・エネルギーについて表した生産力ピラミッドなどの種類がある。

6 答 (1) 窒素
(2) ① 窒素固定，② 脱窒，
③ 窒素同化，④ 硝化
(3) マメ科植物
(4) アゾトバクター，クロストリジウム，シアノバクテリア(ラン藻類)のうちから1つ

[解説]
(1) 根粒菌が大気からの取り込みにかかわるところから，窒素の循環とわかる。
(2) ①根粒菌などの生物が空気中の窒素N_2を取り込んで，植物が利用できるアンモニウムイオンを合成するはたらきが窒素固定。逆に②土壌中の窒素化合物から大気中に窒素をもどすはたらきは脱窒といい，これを行う細菌類を脱窒素細菌という。
(3) ヤシャブシやニセアカシアなどのマメ科植物は根粒菌のはたらきにより空気中の窒素N_2を窒素源として利用できるため，土壌が発達せず窒素の乏しい荒れ地でも生育することができる。
(4) アゾトバクター，クロストリジウムはいずれも独立生活で窒素固定を行う細菌で，根粒菌と合わせて窒素固定細菌とよばれる。ユレモ，ネンジュモなどのシアノバクテリア(ラン藻)も窒素固定を行う原核生物。

7 答 ① ア・イ・カ ② イ
③ ウ・オ ④ エ・キ・ク

[解説]
① 人間生活における化石燃料の大量消費などに伴って膨大に放出される二酸化炭素が，最も地球温暖化への影響が大きい温室効果ガスとされている。水田や家畜などから排出されるメタンや②オゾン層破壊の原因物質でもあるフロンも温室効果ガスで，1分子あたりの温室効果が非常に高い。
③ 富栄養化は植物プランクトンの増殖に必要な窒素やリンなどの無機物の濃度が高まった状態。栄養塩類はこれらの元素を含んだ塩類で，水質汚濁で増加している有機物も微生物のはたらきで分解されて窒素やリンの供給源となる。
④ 生物濃縮で体内に蓄積されるのは，生物が分解したり排出したりしにくい性質の物質である。水銀やカドミウム，鉛などの重金属はタンパク質と結びついて排出されにくくなる性質があり，自然界に存在せず生物が分解するしくみをもたないDDT，PCB，ダイオキシンなど新しく人工的に生まれた化合物も，疎水性で尿として排出しにくく，脂質(リン脂質)でできている細胞膜などの生体膜に結びつきやすい親油性という性質から生体内に蓄積される。「鉱毒」などとよばれる重金属の生物濃縮による被害は今でも途上国などで起こっており，PCBなどの化学物質は外洋のマグロやクジラ，南極のペンギンなどの体内からも検出されている。

さくいん

●太数字はくわしく扱っているページ

英字

ADP	14
AIDS	71
ATP	9,**14**,18
ATPアーゼ	16
A細胞	62
B細胞(すい臓)	62
B細胞(リンパ球)	72
COD	93
DNA	9,26,**27**,29
DNAポリメラーゼ	37
HIV	71
iPS細胞	38
mRNA	**32**,33
RNA	**31**,32
RNAポリメラーゼ	32
rRNA	32
tRNA	32
T細胞	70

あ

アオコ	93
赤潮	93
亜高山帯	85
アセチルコリン	61
アデニン	26
アデノシン三リン酸	14
アドレナリン	62,66,68
亜熱帯多雨林	**82**,84
アミノ酸	30
アミラーゼ	15,**16**
アメーバ運動	11
アレルギー	71
アレルゲン	71
アンチコドン	33
異化	14
閾値	58
一次構造	30
一次消費者	86
一次遷移	80
遺伝子	26
遺伝情報	**26**,31
イヌリン	53
陰樹林	80
インスリン	**62**,66
陰生植物	79
イントロン	32
陰葉	79
ウラシル	31
雨緑樹林	82
エイズ	71
栄養段階	88
エキソン	32
液胞	10,**11**
エネルギー効率	89
エネルギー代謝	14
えら	54
遠心性神経	59
延髄	**59**,61,67
塩類細胞	54
オキシトシン	**62**,63
オゾン層	95
オゾンホール	95
温室効果	94

か

ガードン	38
解糖系	21
開放血管系	48
海綿状組織	18
外来生物	96
核	10,**11**
核型	28
角質層	69
核小体	11
核相	28
獲得免疫	69
核分裂	34
核膜	**11**,35
核膜孔	11
撹乱	92
加水分解酵素	16
カタラーゼ	**16**,17
活性部位	15
活動電位	58
活動電流	58
顆粒白血球	**45**,70
夏緑樹林	**83**,84
カルノア液	36
感覚	57
感覚神経	59
間期	**34**,36
環境形成作用	86
肝小葉	56
乾性遷移	80
汗腺	68
肝臓	49,**56**,68
間脳	59
間脳視床下部	63,65,67,68
肝門脈	48,**56**
キーストーン種	92
記憶細胞	71
基質	15
基質特異性	16
ギャップ	81
求心性神経	59
丘陵帯	85
胸管	49
共生説	21
極相	80
巨大染色体	38
キラーT細胞	71
グアニン	26
クエン酸回路	21
グリコーゲン	**56**,67
クリステ	11
クリック	27
グルカゴン	62,**66**,67
グルコース	56,**66**,67
クレアチニン	53
クロロフィル	11
形質細胞	70
血液	44
血液凝固	50
血管	48
血管系	46
血球	44
血しょう	44,**45**,50
血小板	**45**,50
血清	50
血清療法	71
血糖	66
血糖量	**66**,67
血ぺい	50
ゲノム	**28**,29,38
ゲノム計画	29
ゲノムサイズ	28
ゲノムの解読	27,**29**
ケラチン	69
限界値	58
原核細胞	10
原核生物	10
原形質流動	11
減数分裂	34
原尿	**52**,53
効果器	57
光学顕微鏡	12
交感神経	59,**60**,61,67
好気性細菌	21
高血糖	67
抗原	70
抗原提示	70
光合成	9,14,**18**
光合成速度	78
硬骨魚	54
高山帯	85
高次消費者	86
鉱質コルチコイド	**53**,62
恒常性	9,**44**
甲状腺	62
甲状腺刺激ホルモン	62
酵素	**15**,16
酵素-基質複合体	15
抗体	70
抗体産生細胞	70
好中球	70
興奮	58
興奮の伝達	58
興奮の伝導	58
孔辺細胞	18
後葉	62,**63**,65
硬葉樹林	83
呼吸	9,14,**20**
黒色素胞刺激ホルモン	**62**,63
個体数ピラミッド	88
固定	36

さくいん

コドン	33
ゴルジ体	10,11

さ

再吸収	52,53
細菌	10
最適pH	16
最適温度	16
細尿管	52
細胞	9,11
細胞質	10
細胞質基質	10,11,20
細胞質分裂	34
細胞周期	36
細胞小器官	10
細胞性免疫	69,70,71
細胞体	57
細胞内共生	21
細胞の分化	36
細胞分裂	34
細胞壁	10,11
細胞膜	10,11
酢酸オルセイン	13,36
酢酸カーミン	13
柵状組織	18
砂漠	83
砂漠化	96
サバンナ	83
作用	86
酸化還元酵素	16
三次構造	30
酸素解離曲線	51
酸素ヘモグロビン	51
山地帯	85
シアノバクテリア	10,21,91
糸球体	52
軸索	57
自己免疫疾患	71
視床	59
視床下部	63,65,67,68
自然浄化	93
自然免疫	69,70
湿性遷移	81
シトシン	26
シナプス	58
指標生物	93
シャルガフの規則	27
集合管	65
従属栄養生物	14
樹状細胞	70
樹状突起	57
受容器	57
受容体	65
循環系	46
純生産量	89
硝化	91
小脳	59
消費者	86
静脈	48
静脈血	48
照葉樹林	83,84
食細胞	70
食作用	45,70
植生	76
触媒	15
食物網	87
食物連鎖	87
自律神経	59,60,61
真核細胞	10
真核生物	10
神経細胞	57
神経伝達物質	58
神経分泌細胞	63
腎小体	52
心臓	46,47,68
腎臓	49,52,54
腎単位	52
針葉樹林	83,84
水界生態系	87
すい臓	62,66,67
垂直分布	84,85
水平分布	84
スクラーゼ	16
ステップ	83
ストロマ	18
スプライシング	32
生活形	76
生産者	86
生産力ピラミッド	88
生殖腺刺激ホルモン	62
生態系	76,86
生態系のバランス	92
生体触媒	15
生態ピラミッド	88
生体防御	69
成長ホルモン	62,63,66,67
成長量	89
生物多様性	97
生物濃縮	95
生物量ピラミッド	88
脊髄	59,61
脊髄神経	59
赤道面	35
接眼ミクロメーター	13
赤血球	45
絶滅危惧種	97
遷移	80
先駆植物	80
染色液	13
染色体	11,28,29,35
セントラルドグマ	33
線溶	50
前葉	62,63,66,67
相観	76
相互作用	86
総生産量	89
相同染色体	28
相補的結合	27
組織液	44

た

体液	44
体液性免疫	69,70,71
体温調節	68
体外環境	44
体細胞分裂	34
代謝	9,14
体循環	46
大静脈	48
体性神経	59
大動脈	48
体内環境	44
大脳	59
対物ミクロメーター	13
多細胞生物	9,34
だ腺染色体	38
脱水素酵素	16
脱窒	91
脱分化	38
単球	45,70
単細胞生物	9,34
炭酸同化	18
胆汁	56
単相	28
炭素の循環	90
タンパク質合成	33
地球温暖化	94
窒素固定	91
窒素同化	90
窒素の循環	90
チミン	26
中心体	10,11
中枢	57
中枢神経系	59
中脳	59,61
中葉	62,63
チラコイド	18
チロキシン	62,64,68
ツンドラ	83
低血糖	67
デオキシリボ核酸	26
転移RNA	32
転写	32
伝達	58
伝導	58
伝令RNA	32
同化	14
同化量	89
糖質コルチコイド	62,66,67,68
洞房結節	47
動脈	48
動脈血	48
特定外来生物	96
独立栄養生物	14
土壌	77
トリプシン	15,16
トリプレット	33
トロンビン	50

な

内分泌腺	62
二次応答	71
二次構造	30
二次消費者	86
二次遷移	80,81
二重らせん構造	27
ニューロン	57

尿	**52**,53	日和見感染 71	ホメオスタシス 44	葉緑体 10,**11**,18,21
尿素	53,**56**	ビリルビン 56	ポリペプチド 30	四次構造 30
ヌクレオチド	26	フィードバック 64	ホルモン 62	予防接種 71
熱帯多雨林	82	フィブリノーゲン 50	翻訳 33	
ネフロン	52	フィブリン 50		**ら**
脳	49,**59**	富栄養化 93	**ま**	ラムサール条約 97
脳下垂体		副交感神経 59,**60**,67	マクロファージ **70**,71	ランゲルハンス島
59,62,**63**,65,67		副甲状腺 62	末梢神経系 59	62,**66**,67
脳神経	59	副腎髄質 **62**,66,67	マルターゼ 15,**16**	ランビエ絞輪 58
脳梁	59	副腎皮質 **62**,66,67	マングローブ林 82	リゾチーム 69
ノルアドレナリン	61	副腎皮質刺激ホルモ	ミクロメーター 13	立毛筋 68
		ン 62	ミトコンドリア	リパーゼ 15,**16**
は		複相 28	10,**11**,20,21	リボ核酸 31
バイオーム 76,**82**,84		腐食連鎖 87	未分化 36	リボソーム 33
肺循環	46	プロトロンビン 50	無髄神経 57	リボソーム RNA 32
肺静脈	48	フロン 95	娘細胞 34	林冠 76
肺動脈	48	分化 36	免疫 49,**69**	リン脂質 11
拍動	47	分解者 86	免疫記憶 71	林床 76
バソプレシン		分裂期 29,34	免疫グロブリン 70	リンパ液 44
53,62,**63**,65		閉鎖血管系 48	毛細血管 **48**,49,68	リンパ管 49
白血球	**45**,70	ペースメーカー 47	毛細リンパ管 49	リンパ球 45
発酵	20	ペプシン 15,**16**	門脈 **48**,56	リンパ系 46,**49**
パフ	38	ペプチド結合 30		リンパ節 **49**,70
パラトルモン	62	ヘモグロビン 45,**51**	**や**	類洞 56
反応生成物	15	ヘルパー T 細胞	焼畑 96	レッドデータブック
半保存的複製	37	**70**,71	山中伸弥 38	97
光飽和点	78	ぼうこう 52	有糸分裂 34	
光補償点	78	紡錘糸 35	有髄神経 57	**わ**
ヒストン	29	紡錘体 35	輸尿管 52	ワクチン 71
非生物的環境 76,**86**		ボーマンのう 52	陽樹林 80	ワシントン条約 97
標的器官	62,**65**	母細胞 34	陽生植物 79	ワトソン 27
標的細胞	65	補償深度 87	陽葉 79	

■図版…藤立育弘

シグマベスト

要点ハンドブック
生物基礎

本書の内容を無断で複写(コピー)・複製・転載することは,著作権者および出版社の権利の侵害となり,著作権法違反となりますので,転載等を希望される場合は前もって小社あて許諾を求めてください。

ⒸBUN-EIDO 2013 Printed in Japan

編 者 文英堂編集部
発行者 益井英博
印刷所 中村印刷株式会社
発行所 株式会社 **文英堂**

〒601-8121 京都市南区上鳥羽大物町28
〒162-0832 東京都新宿区岩戸町17
(代表)03-3269-4231

●落丁・乱丁はおとりかえします。